BEI GRIN MACHT SICH IHR WISSEN BEZAHLT

- Wir veröffentlichen Ihre Hausarbeit, Bachelor- und Masterarbeit

- Ihr eigenes eBook und Buch - weltweit in allen wichtigen Shops

- Verdienen Sie an jedem Verkauf

Jetzt bei www.GRIN.com hochladen und kostenlos publizieren

Birgit Riese

Sieben Gründe, warum unsere Ernährung krank macht

Über verbreitete Irrtümer bezüglich unserer Ernährung. Wie uns deren Vermeidung zu gesünderen Menschen machen kann

GRIN Verlag

Bibliografische Information der Deutschen Nationalbibliothek:

Die Deutsche Bibliothek verzeichnet diese Publikation in der Deutschen Nationalbibliografie; detaillierte bibliografische Daten sind im Internet über http://dnb.d-nb.de/ abrufbar.

Dieses Werk sowie alle darin enthaltenen einzelnen Beiträge und Abbildungen sind urheberrechtlich geschützt. Jede Verwertung, die nicht ausdrücklich vom Urheberrechtsschutz zugelassen ist, bedarf der vorherigen Zustimmung des Verlages. Das gilt insbesondere für Vervielfältigungen, Bearbeitungen, Übersetzungen, Mikroverfilmungen, Auswertungen durch Datenbanken und für die Einspeicherung und Verarbeitung in elektronische Systeme. Alle Rechte, auch die des auszugsweisen Nachdrucks, der fotomechanischen Wiedergabe (einschließlich Mikrokopie) sowie der Auswertung durch Datenbanken oder ähnliche Einrichtungen, vorbehalten.

Impressum:

Copyright © 2009 GRIN Verlag GmbH
Druck und Bindung: Books on Demand GmbH, Norderstedt Germany
ISBN: 978-3-640-49671-6

Dieses Buch bei GRIN:

http://www.grin.com/de/e-book/135559/sieben-gruende-warum-unsere-ernaehrung-krank-macht

GRIN - Your knowledge has value

Der GRIN Verlag publiziert seit 1998 wissenschaftliche Arbeiten von Studenten, Hochschullehrern und anderen Akademikern als eBook und gedrucktes Buch. Die Verlagswebsite www.grin.com ist die ideale Plattform zur Veröffentlichung von Hausarbeiten, Abschlussarbeiten, wissenschaftlichen Aufsätzen, Dissertationen und Fachbüchern.

Besuchen Sie uns im Internet:

http://www.grin.com/

http://www.facebook.com/grincom

http://www.twitter.com/grin_com

Birgit Riese

Sieben Gründe,

warum unsere Ernährung krank macht

oder

sieben sehr verbreitete Irrtümer bezüglich unserer Ernährung, deren Vermeidung uns zu gesünderen Menschen machen könnte …

Mein besonderer Dank gilt meinen beiden ersten Lesern, Ingeborg Herzog aus Berlin, der ich für ihre lobenden und darum sehr aufmunternden Worte danke und Silke Iris Wendt aus Seattle, die sich in ihrer knapp bemessenen Zeit in Berlin mit der ersten Korrekturlesung betraut sah. Karin Hrabowski, beste EDV-Fachfrau Berlins, befasste sich mit der computertechnischen Aufbereitung des Scripts, als ich nicht die Nerven dafür hatte. Auch ihr:

Danke! Danke! Danke!

Inhalt

Vorwort ... 3

Ernährungslüge Nr. 1: Wasser hat die Aufgabe, unseren Körper mit Mineralstoffen zu versorgen ... 4

Ernährungslüge Nr. 2: Der menschliche Körper braucht tierisches Eiweiß ... 21

Ernährungslüge Nr. 3: Ein erhöhter Cholesterinspiegel ist die Hauptursache für die Entstehung von Herzinfarkten - ... 39

Ernährungslüge Nr. 4: …Da die heimischen Böden durch einseitige landwirtschaftliche Nutzung arm an Mineralien sind und somit auch Obst und Gemüse nicht ausreichend Vitalstoffe besitzen, ist es unerlässlich, auf Nahrungsergänzungsmittel zurückzugreifen ... 55

Ernährungslüge Nr. 5: Zucker macht das Leben süß ... 111

Ernährungslüge Nr. 6: Fleisch ist ein Stück Lebenskraft ... 125

Ernährungslüge Nummer 7: Milch macht müde Männer munter ... 154

Nachwort ... 175

Vorwort

Jeden Tag erfüllt der menschliche Körper die vielfältigsten Aufgaben. Dass er dazu überhaupt in der Lage ist, verdankt er einer Vielzahl äußerst diffiziler Prozesse, die ohne unser bewusstes Dazutun ablaufen. Bewusst machen sollten wir uns allerdings, dass es in unserer Hand liegt, unserem Organismus die Unterstützung zuteil werden zu lassen, die er braucht.

Als ich gerade meine Ausbildung zur Physiotherapeutin und Heilpraktikerin abgeschlossen hatte, beschäftigte ich mich mit den Lehren der traditionellen chinesischen Medizin. Hier wurde mir erstmals vor Augen geführt, wie groß die Rolle der Ernährung in anderen Gesundheitssystemen[*] ist. Da es mir sinnlos schien, Menschen nach einer 6 – 12maligen therapeutischen Anwendung als „geheilt" zu entlassen und ich andererseits feststellen musste, dass sie bereits nach kurzer Zeit wieder meine Hilfe in Anspruch nahmen, fing ich an zu überlegen, welche allgemein gültigen Regeln zu einer Verbesserung der Lebensqualität und einer stabileren Gesundheit beitragen können. Da Ernährung für uns alle ein Thema ist – dem wir sehr unterschiedliches Interesse widmen -, begann ich meine Tätigkeit als Ernährungsberaterin. Durch meine Kontakte zu den unterschiedlichsten Selbsthilfegruppen wandte ich mich besonders der Frage zu, welche Anforderungen an die Ernährung von Menschen mit unterschiedlichen Krankheitsbildern gestellt werden sollten. Darüber hinaus stellte sich die Frage, was man tun muss, um Krankheiten möglichst zu vermeiden und wie die Lebens- und Essgewohnheiten dazu beitragen können. Der Bedeutung des Wassers für unser Leben widmete ich besondere Aufmerksamkeit.

Auch die Grundnährstoffe Eiweiß, Fett und Kohlenhydrate verdienen eine spezielle Analyse. Am interessantesten vielleicht sind jedoch Vitamine und Mineralstoffe, die trotz ihrer geringen „Stofflichkeit" enorme Auswirkungen auf unser Wohlbefinden haben und organisches Leben erst ermöglichen. Auch das wurde zu einem häufig diskutierten Thema meiner Vorträge zur Gesundheitsvorsorge mittels Ernährung.

Im Anschluss an diese fragten mich viele Menschen, was s i e tun können, um gesünder zu leben, welche Fehler sie vermeiden und welchen vollmundigen Werbeversprechen sie besser misstrauen sollten.

Für sie ist dieses Buch geschrieben worden.

---

[*] So vertritt auch das indische Gesundheitssystem Ayurveda einen ganzheitlichen Ansatz, bei dem die Ernährung eine der Säulen für eine gesunde Lebensweise darstellt.

Ernährungslüge Nr. 1: Wasser hat die Aufgabe, unseren Körper mit Mineralstoffen zu versorgen

Unser wichtigstes Lebensmittel: Wasser

„Wasser ist das Prinzip aller Dinge"
Thales von Milet

Alles Leben ist aus dem Wasser entstanden.

Nach dem Sauerstoff ist Wasser die wichtigste Substanz im lebenden Organismus. Wasser erfüllt eine Vielzahl lebenswichtiger Funktionen in unserem Körper. Es sichert in Form der intra- und extrazellulären Flüssigkeit die Ernährung der Zelle, als kleinstem Baustein aller organischen Gewebe und gewährleistet den Austausch von Nährstoffen innerhalb des Zellverbandes[1].

Das Blut besteht zu über 90 % aus Wasser und fast 98 % Wasser finden sich in Speichel, Eingeweide- und Magensäften. Die Schleimhäute benötigen Wasser um glatt und geschmeidig zu bleiben; sind sie das nicht mehr, so erhöht sich ihre Verletzungsgefahr.

Wasser ist somit ein vitaler Faktor in allen Körperflüssigkeiten. Wasser hat Regulationsaufgaben und spielt bei der Regulierung der Körpertemperatur und des Blutdrucks eine wichtige Rolle.

Wasser dient dem Transport. Einerseits werden lebenswichtige Nährsubstanzen in gelöster Form zur Zelle befördert, so dass diese ihre spezifischen Aufgaben erfüllen kann, andererseits übernimmt es aber auch den Abtransport der ausscheidungspflichtigen Substanzen. Gifte und Körperabfälle werden in Lösung gehalten und können somit erst ausgeschieden werden. Aus diesem Grund ist es auch sinnvoll, bei Infektionskrankheiten viel zu trinken, um bakterielle Stoffwechselprodukte nicht den Organismus überschwemmen zu lassen.

Ein erwachsener Mensch besteht aus bis zu 70% aus Wasser, ein Säugling aus bis zu 85 %.

Ein Kriterium für die Alterung des Körpers ist die noch vorhandene

---

1 So sind beispielsweise die chemischen Bestandteile von Blutplasma und Meerwasser nahezu identisch. In beiden finden sich die Spurenelemente und Mineralsalze: Chlor, Kalium, Kalzium, Karbonat, Magnesium, Natrium, Phosphat, Sulfat sowie Vitamine. Selbst die Proportionen der Zusammensetzung innerhalb des Flüssigkeitsträgers stimmen überein.
Die Richtigkeit dieser, schon früher gehegten Vermutung bewies im Jahre 1895 der französische Biologe René Quinton experimentell, indem er das Blut eines Hundes vollständig durch verdünntes Meerwasser ersetzte.
Der Hund erholte sich relativ schnell und zeigte sich in der Lage, Hämoglobin selbst wieder aufzubauen.
(Wenn doch nur alle Tierexperimente so glimpflich verliefen!)

Flüssigkeitsmenge in seinen Geweben. Sowie der Flüssigkeitsgehalt in einer Zelle die 50% unterschreitet, beginnt ihr Absterbungsprozess. Die für alte Menschen typischen Organschrumpfungen setzen ein.

Während das Gesamtkörperfett im Vergleich zu einem Zwanzigjährigen um 35% ansteigt, nimmt das Gesamtkörperwasser um etwa 17% ab. Dabei vermindert sich die Zwischenzellflüssigkeit um ganze 40%! Dass ältere Menschen häufig zuwenig trinken, ist hinlänglich bekannt. Auch die oft im Alter auftretenden Verdauungsprobleme sind zumindest teilweise der unzureichenden Flüssigkeitszufuhr und dem daraus resultierenden Magensaftmangel zuzuschreiben.

Schlecht sitzende Gebissprothesen verhindern zudem den Genuss von Rohkost, die dem Flüssigkeitsmangel entgegenwirken könnte. Indizien für einen gestörten Wasserhaushalt finden wir jedoch auch bei jüngeren Menschen.

Chronische Verstopfung, die sich bei mehr als 50 % der in westlichen Industrienationen lebenden Menschen nachweisen lässt, ist ein Zeichen von Wassermangel.

Andererseits finden wir aber gerade hier stark aufgeschwemmte Körper durch übermäßige Verwendung von Salz und stark salzhaltigen Nahrungsmitteln (Gepökeltes, gesalzenes Knabbergebäck: Laugenbrezeln etc.).[2]

Die Karriere von Salz entspricht der von Zucker[3]; beides wurde ursprünglich als kostbares, weil kostspieliges Gewürz eingesetzt und wird mittlerweile in geradezu gigantischen Mengen aufgenommen.

Da NaCl[4] in fast allen Fertigprodukten enthalten ist, liegt der durchschnittliche tägliche Kochsalzverbrauch ca. 12 Gramm ü b e r dem Doppelten der täglichen Bedarfsmenge.

Interessanterweise ist der Geschmack an Salz übrigens erworben und nicht angeboren - im Gegensatz zur Fähigkeit, Süßes als angenehm zu empfinden. Problematisch ist das Wasserbindungsvermögen des Salzes: Wasser wird dabei den eigentlichen Aufgaben entzogen und lagert sich „nutzlos" im Fettgewebe ein.

---

2 Zu den Industrienationen mit einem besonders hohen Pro-Kopf-Verbrauch an Natriumchlorid zählen Japan, die USA und die meisten europäischen Nationen. Einen hohen Anteil en Herz-Kreislauf-Erkrankungen finden Sie immer dort, wo neben Schinken, Speck, Rauchfleisch oder –fisch, auch Chips und gesalzene Nüsse (die besonders bei Kindern so beliebten schnellen Snacks zwischendurch), hoch im Kurs stehen. Gerade die rasante Ausbreitung sogenannter chronisch-degenerativer Erkrankungen, die früher dem höheren Lebensalter vorbehalten waren und jetzt immer mehr junge Menschen befallen, sollte uns immer auch Anlass zur kritischen Überprüfung unserer Ernährungsgewohnheiten. Zu diesen Krankheiten zählten: Hoher Blutdruck (Hypertonie), Arthritis/Arthrose, zahlreiche Nierenbeschwerden und Verhärtungen der Arterien, die ihrerseits wieder zum Auslöser anderer Krankheiten werden.

3 Zucker kann mit Fug und Recht als Droge bezeichnet werden. Bis weit ins 18. Jahrhundert hinein lag der jährliche Verbrauch pro Person bei unter zwei Kilogramm. Zum vergleich: Heute liegt er bei rund vierzig Kilogramm! Um Zucker abbauen zu können, benötigt unser Körper Vitamin B1 – daraus resultiert der Ruf des Zuckers als „Vitaminräuber".

4 NaCl ist das chemische Zeichen für Kochsalz, eine anorganische Verbindung. Die entsprechende organische Verbindung heißt Natriumacetat ($CH_3COO-Na$).

Bei einem Mann der ca. 70 kg auf die Wage bringt, beläuft sich der Wassergehalt des Körpers auf ca. 42 – 45 Liter, wovon sich etwa 27 Liter in den Zellen, 13 Liter in den Zellzwischenräumen und bis zu 5 Liter im Blut befinden. Von der Gesamtwassermenge werden täglich etwa zwei und ein halber Liter in Form von Urin, Kot, Schweiß, aber auch über die Atemluft abgegeben. Die Forderung, täglich mindestens zwei Liter zur Flüssigkeitsbilanzierung aufzunehmen, erscheint sinnvoll, wird aber häufig fehlinterpretiert. Da aufgenommene Flüssigkeitsmengen ja auch immer ausgeschieden werden müssen, bedeutet das Trinken von zwei oder mehr Litern nicht allein Mehrarbeit für die Nieren und ableitenden Harnwege.

Da das Nierensystem für seine komplexe Tätigkeit[5] gelöste Nähr- und Botenstoffe, die es auf dem Blutwege erreichen benötigt, setzt das wiederum ein gesundes, leistungsstarkes Herz voraus. Erhöht man plötzlich die Menge der zugeführten Flüssigkeit, sollte man sich darüber im Klaren sein, dass die Herzleistung nicht bereits eingeschränkt sein darf.

Bei der aufgenommenen Flüssigkeit darf es sich nicht ausschließlich um Kaffee oder gar Alkohol handeln. Auch wenn neuere Studien zu beweisen scheinen, dass der entwässernde (diuretische) Effekt, bei gewohnheitsmäßigen Kaffeegenießern längst nicht so groß ist, wie bei eher gelegentlichen Kaffeetrinkern, die dann aber größere Mengen zuführen, sollte man Kaffee als das sehen, was er ist: Ein Genussmittel.

Gehören Sie jedoch zu denen, die ohne Probleme täglich zwei Kilogramm an frischem Obst verspeisen, brauchen Sie sich um die zusätzliche Flüssigkeitsaufnahme keine Sorgen machen.

Bei dieser Menge nehmen Sie neben ca. 250 g festen Lebensmittelanteilen auch gut eineinhalb Liter Flüssigkeit auf. Womit wir beim eigentlichen Thema und damit auch einer der gewinnträchtigsten Ernährungslügen überhaupt wären: Mineralwässer gelten als gesund und „die" Fitmacher schlechthin.

Viele Menschen, die in der Hoffnung sich etwas Gutes zu tun, Mineralwasser kaufen, achten dabei ganz besonders auf einen hohen Gehalt an bestimmten Mineralien. Leicht anämische Frauen oder Vegetarier bevorzugen einen hohen Eisengehalt. Menschen, die sich vor Osteoporose fürchten oder bereits erste Symptome aufweisen, wählen gern ein Wasser mit viel Kalzium.

---

[5] Niere und Darm sorgen für die Ausscheidung der Salze, Schwermetalle, Harn- und anderen Säuren sowie der Produkte, die beim Stoffwechselprozess als „Abfall" anfallen. Die Niere, in ihrer Funktion als „Hochleistungs-Filteranlage" filtert die Gesamtblutmenge (5 – 6 Liter) im Verlauf eines Tages mindestens 300 mal.
Lebenswichtige Stoffe werden resorbiert, also wieder dem Blutkreislauf zugeführt und harnpflichtige Stoffe ausgeschieden. Alle Schadstoffe, die nicht ausgeschieden werden können, gelangen abermals in den Blutkreislauf und selbst bei der optimistischen Schätzung von nur einem Gramm täglich, beläuft sich die Schadstoffmenge nach zehn Jahren auf 3 – 4 Kilogramm. Bei Vierzigjährigen sind das also etwa 15 Kilogramm. Zellzwischenräume werden verstopft, die Nährstoffpassage erschwert, der Körper ist trotz ausreichender Nahrungszufuhr unterversorgt. Da er ein sich selbst regulierendes System ist, reagiert er mit einer Drucksteigerung zur Kompensation: Der Blutdruck schnellt in die Höhe. (Hier beweist sich auch die Unsinnigkeit, mit blutdrucksenkenden Mitteln einzugreifen, da ein Symptom bekämpft wird, nicht jedoch die eigentliche Ursache.)
Die Zellen haben jetzt nur noch die Wahl: Entweder abzusterben oder mit Zellteilung und Tumorwachstum zu reagieren.

Die Industrie kommt diesen Wünschen nach und überschwemmt uns mit einer Vielzahl an mineralhaltigen Wässerchen, die größtenteils eines gemeinsam haben, nämlich dass der durch sie verursachte Schaden den zu erwartenden Nutzen bei weitem übersteigt.

Dabei sind die generellen Anforderungen an bekömmliches Wasser eher gering und wurden bereits im Jahre 1965 durch den französischen Hydrologen Louis Claude Vincent wie folgt definiert:

Gutes, d.h. „biologisches" Wasser, das die Gesundheit fördern soll ist

- arm an Mineralien
- leicht sauer
- wenig oxydiert
- weist einen höheren Widerstand auf (mind. 6000 Ohm)

Daraus folgt, dass viele der handelsüblichen Mineralwässer[6] nicht für den Dauergebrauch geeignet sind (was natürlich auch auf das Leitungswasser in etlichen Regionen zutrifft).

Vincent war bei seinen Studien in mehreren französischen Städten auf enge Zusammenhänge zwischen der Beschaffenheit des Leitungswassers und der jeweiligen Erkrankungs- und Sterberate aufmerksam geworden, was ihn veranlasste, gutes trinkfähiges Wasser genauer zu definieren.

Um die irreführenden und wenig aussagekräftigen Bezeichnungen für handelsübliches Wasser ein wenig verständlicher zu machen, hier folgende Richtlinien: Tafelwässer dürfen Rückstände von Umweltgiften aufweisen, die anderen Wässern untersagt sind. Sie können auch salzreiches, u.U. Meerwasser[7], sowie Natriumcarbonat oder Kohlendioxid, enthalten.

Bei der Verarbeitung von Quellwasser müssen strengere Richtlinien eingehalten werden, als bei der von Mineralwasser.

Aber auch diese Freude bleibt nicht ungetrübt, denn für das Quellenumland gelten diese strengen Bestimmungen nicht, es darf sowohl Schwermetalle als auch organische Halogenverbindungen aufweisen. (Als Halogene oder „Salzbildner" werden Fluor, Chlor, Brom, Jod und Astat bezeichnet, da diese Stoffe sich vorwiegend in Talgdrüsen anreichern, kann auf dem Boden einer Akne vulgaris eine sogenannte Halogenakne entstehen.)

Ebenfalls sind kohlensäurehaltige Wässer nicht zu empfehlen: Wo sich Kohlensäure

---

6 Zu den an Mineralstoffen ärmeren Wässern gehören Volvic, Haderheck (Königstein) und Spa, die zu den bekannteren Sorten zählen. Erst seit wenigen Jahren auf dem Markt sind Lauretana (mit 13,9 mg Mineralien pro Liter) und Plose-Quelle (25,5 mg/Liter). Bezugsquellen im Anhang.

7 Im Meerwasser finden sich fast alle chemischen Elemente in gelöster Form, so z.B.: Aluminium, Barium, Brom, Chrom, Gold, Magnesium Nickel, Radium, Schwefel und Silber. Obwohl Meerwasser an Inhaltsstoffen außerordentlich reich ist, gilt hier: So wohltuend ein Bad in mineralhaltigen Gewässern auch sein mag, für die menschliche Ernährung ist dieses Wasser auf Dauer ungeeignet.

befindet, kann kein Sauerstoff sein.

Falls Ihnen dennoch der „frischere" Geschmack der kohlensäurehaltigen Getränke wichtiger ist, sollten Sie zumindest bedenken, dass Dr. Hulda R. Clark, eine amerikanische Physiologin, Biologin und Bio-Physikerin, die Meinung vertritt, dass aus kohlensäurehaltigen Getränken stammende Toluol- und Xylol-Reste neben Aluminium und Quecksilberablagerungen im Gehirn den Boden für parasitäre Besiedlung bereiten und Alzheimer auslösen können. Dr. Clark, die durch ihre Theorien zur Krebsentstehung durch Parasiten bekannt wurde und 1995 mit eben diesen Thesen auf Unglauben stieß, wurde von der WHO dann teilweise bestätigt. Das trifft auch auf ihre übrigen, teilweise recht abenteuerlich klingenden Theorien und Behandlungsergebnisse zu; sie alle wurden zumindest in Einzelfällen auch von deutschen Ärzten verifiziert.

Grundsätzlich gilt: Im Wasser enthaltene (anorganische) Mineralien können nur äußerst schwer vom Körper verwertet werden. Ganz im Gegensatz zu den organisch gebundenen Mineralstoffen, die Sie mit dem Obst oder Gemüse aufnehmen und die eine besonders gute biologische Verfügbarkeit aufweisen, hängt die Verwertbarkeit der anorganischen Stoffe von der Fähigkeit des Körpers ab, organische „Transporthelfer" zu bilden. Ist er dazu nicht (oder in nicht ausreichendem Maße) in der Lage, können die Mineralien nicht die Zellwand passieren. Sie werden aber nicht automatisch wieder abtransportiert und ausgeschieden, sondern verbleiben im körpereigenen „Filtersystem", dem Bindegewebe.

Die daraus resultierende Bindegewebsverschlackung gilt ihrerseits als Ursache vieler organischer Leiden. So wird beispielsweise der gesamte rheumatische Formenkreis mit einem stark überlasteten Bindegewebssystem in Verbindung gebracht. Ganzheitlich orientierte Ärzte und Heilpraktiker sehen in einer totalen Bindegewebssanierung die Grundvoraussetzung für erfolgreiche weiterführende Therapiemaßnahmen.

Mineralarmes Wasser wird von Naturheilkundlern immer dann eingesetzt, wenn Ausleitungsverfahren zur Anwendung kommen.

Jeder, der häufig Wasser zum kochen bringt, kennt das Phänomen des Kesselsteins. Hierbei lagern sich die im Wasser enthaltenen Mineralien auf dem Boden des Wasserkessels ab.

Ähnlich verhält es sich mit dem in den Rohren der Wasserleitung häufig anzutreffenden Rohrfraß. Je nach Beschaffenheit des örtlichen Wassers (Härtegrad) lagert sich mehr oder weniger Kalk im Rohr an – der Durchmesser verringert sich. Da Wasserdruck und -menge aber gleich bleiben, ist die Gefahr des Rohrbruchs gegeben und wird, zumindest für eine gewisse Zeit, durch eine von außen angebrachte Schelle gemindert.

Ähnlich verhält es sich mit dem körpereigenen Gefäßsystem. Nur heißt der Rohrfraß hier Arteriosklerose und führt zur eingeschränkten Funktion ganzer Organsysteme, die über feinste Arteriolen auf dem Blutweg mit gelösten Bestandteilen versorgt werden. Arterien gelten, im Gegensatz zu den Venen, als besonders elastische Blutgefäße, die auch über einen spezifischen Wandaufbau verfügen, um ihren speziellen Aufgaben gerecht zu werden.

Die innere Wandschicht muss deshalb so besonders glatt sein, damit es nicht zur Anlagerung von Stoffen kommt und selbst kleinere, häufig sogar unbemerkt gebliebene entzündliche Prozesse im Inneren der Arterie können durch das rauere Narbengewebe dazu beitragen, dass sich hier ein Embolus bildet, der zum Verschluss des Gefäßes führt. Auch wenn der Begriff Arteriosklerose etwas anderes suggeriert: Die Einengung des Gefäßlumens erfolgt meist nicht auf der Grundlage von Kalk – zumindest nicht ausschließlich - Lipide (Fette) spielen dabei eine große Rolle, besonders dann, wenn jüngere Menschen von diesem Krankheitsbild betroffen sind. Studien zeigen eine höhere Sterberate in Regionen mit hartem Wasser, im Vergleich zu „Weichwasser"-Gebieten.

Zum Thema „Leitungswasser ist Trinkwasser", lassen Sie mich bitte folgendes anmerken.

Sehr häufig werde ich bei meinen Vorträgen mit dem Einwand konfrontiert, dass es sicher sinnvoller wäre, den Wasserhahn aufzudrehen, ehe man auf käufliches Mineralwasser zurückgreift, da es sich bei unserem Leitungswasser um das am besten überprüfte Nahrungsmittel handeln würde.

Dabei dürfen Sie jedoch eines nicht übersehen: Bei jeder Überprüfung kann man nur das finden, wonach man auch sucht. Eine Vielzahl hoch pathogener Substanzen kann sehr wohl im Wasser vorhanden sein, jedoch bei der gängigen „Rasterfahndung" nicht nachgewiesen werden und zwar deshalb, weil nicht nach jedem dieser Stoffe gesucht wird.

So entsprechen schon die EU-Richtwerte für den Schadstoffgehalt im Trinkwasser nicht den neueren medizinischen Erkenntnissen. Im Klartext: Auch wenn die erlaubten Werte nicht überschritten werden, so sind sie doch eindeutig zu hoch.

Die Vielzahl an Stoffen, für die es keine Richt- oder Grenzwerte gibt, wird durch die Summe aller im Wasser gelösten Stoffe zusammengefasst und als „elektrische Leitfähigkeit" angegeben. Auch hierfür gibt es einen EU-Grenzwert der bei 400 µS/cm (Mikro-Siemens pro Zentimeter) liegt, was bedeutet, dass sich 400 mg dieser Stoffe auf einem Liter Wasser nachweisen lassen.

Die deutsche Trinkwasserverordnung setzte diesen Grenzwert (bis Mai 2001) bei 2000 µS/cm an, nach diesem Zeitpunkt sogar bei 2500 µS/cm. Hier finden sich u.a. Arzneimittelrückstände, auf deren Vorhandensein hin unser Trinkwasser nur sporadisch untersucht wird. Sogenannte Wechselwirkungen, die auftreten können, wenn Medikamente unterschiedlicher Wirkspezifik zusammen eingenommen werden und die somit wieder als Auslöser neuer Erkrankungen in Frage kommen, kann man natürlich auch bei der unwillentlichen Aufnahme über das Trinkwasser nicht ausschließen.

Epidemiologische Untersuchungen in den fünfziger Jahren des 20. Jahrhunderts ließen den Verdacht aufkommen, dass ein Zusammenhang zwischen einem hohen Nitratgehalt im Trinkwasser und endemisch auftretenden Kröpfen (Struma) besteht. Jod und Nitrat stehen in einem Konkurrenzverhältnis zueinander. Der Organismus nimmt bevorzugt das Nitrat auf, wodurch ein reaktiver Jodmangel entsteht. Besonders auffällig schien damals das deutlich häufigere Auftreten von endemischen Struma in Gebirgs- und Mittelmeergebieten, im Vergleich zu Niederungsgebieten, sowie die Feststellung, dass Strumagebiete nicht zwangsläufig auch Jodmangelgebiete waren. Der Verdacht lag also nahe. dass andere Wasserinhaltsstoffe für die Auslösung eines Kropfes verantwortlich sein müssen. Diese Vermutungen konnten mittlerweile durch gezielte Untersuchungen an Ratten, die von der Forschungsstelle Bad Elster durchgeführt wurde, verifiziert werden (Jahresbericht des Bundesumweltamtes, 1994).

Damit jedoch nicht genug. Auch andere Beschwerdebilder lassen sich in einem direkten Zusammenhang mit einem übermäßig belasteten Trinkwasser sehen. So machte der US-amerikanische Arzt und Ernährungswissenschaftler Norman Walker bereits frühzeitig auf die doppelte Belastung von arteriellem Gefäßsystem und Bindegewebe aufmerksam, indem er nachwies, dass durch eine permanente Elektrolyt-Überlastung des Blutes eine Mineralienanlagerung an das körpereigene Cholesterin erfolgt. Dieser Vorgang wird als Bildung arteriosklerotischer Plaques bezeichnet und spielt eine nicht unbedeutende Rolle bei der Diskussion um die Entstehung seniler Demenz vom Alzheimer-Typus, bei der sogenannte senile Plaques (Alzheimerfibrillen) im Gehirn nachgewiesen werden.

Gleichzeitig tragen die in den Industrienationen vorwiegend genossenen Nahrungsmittel, die reich an Zucker, Weißmehl oder künstlichen Nahrungsmittelzusätzen sind, dazu bei, dass die im Bindegewebe stattfindende Filterung stark behindert wird.

Der Biophysiker Karl Trincher betont die Bedeutung der intrazellulären Flüssigkeit, die er im Gegensatz zu den biologischen Makromolekülen als „Träger des Lebens" bezeichnet.

Als Beweis dafür führt er an, dass im Falle des Zelltodes die erste nachweisbare Veränderung nicht auf der makromolekularen Ebene, z.B. bei den Eiweißen, stattfindet, sondern dass die besondere „geordnete" Struktur der intrazellulären Flüssigkeit zusammenbricht. Die Ursache dafür ist nicht eine Veränderung der chemischen Zusammensetzung, sondern die physikalische Struktur des Wassers (die Anordnung und Vernetzung seiner Moleküle).

Dieser gedankliche Ansatz ist in der jüngsten Vergangenheit von dem Japaner Dr. Masaru Emoto durch zahlreiche Publikationen und Vortragsreihen auch einem medizinischen Laienpublikum nahe gebracht worden.

Im wesentlichen beruht seine Theorie auf Erkenntnissen von Albert Einstein und Max Planck, die auf der Suche nach der Substanz der Materie zu der Schlussfolgerung kamen, dass auch die kleinsten Einheiten, also Atome und Moleküle, letztendlich auf einer Zusammenstellung von Schwingungsmustern basieren, dem quantenmechanischen Feld.

Auf der Grundlage der Forschungen dieser beiden herausragenden Physiker beschäftigte sich der englische Elektrophysiker Dr. Cyril Smith von der Universität Salford intensiv mit der physikalischen Struktur des Wassers. Es gelang ihm, in seinen Forschungsarbeiten theoretisch und experimentell aufzuzeigen, dass polare Substanzen Informationen (in Form elektromagnetischer Schwingungen) aufnehmen, speichern und auch wieder abgeben können.

Da ein Wassermolekül bipolar angelegt ist, also über einen Plus- und einen Minuspol verfügt, sind die Einzelmoleküle in der Lage, Cluster (englisch für: Haufen) zu bilden. Elektrische Ladungsunterschiede sind die Grundlage für gegenseitige Anziehung und anschließende Bildung von „Wasserstoff-Brücken".

Diese zusätzlichen Bindungen sind verantwortlich dafür, dass Wasser auch in flüssigem Zustand geordnete Kristallstrukturen erkennen lässt. Dieses kristallin-flüssige Wasser wird auch als geordnetes, strukturiertes oder kurz: energetisiertes Wasser, bezeichnet.

Dr. Emoto wies anhand eindrucksvoller Fotos nach, dass die kristalline Wasserstruktur sich verändert, wenn sie „Informationsquellen" wie Musik, gesprochenen wie geschriebenen Worten oder auch starken Gefühlen ausgesetzt wird. Das beweist uns - neben dem Reflexionsvermögen der - (nach unserem Verständnis unbelebten Materie Wasser) wie wichtig es ist, darauf zu achten, w a s man zu sich nimmt.

Auch die Diskussion um moderne Massentierhaltung, der ja schon häufig nachgesagt wurde, dass sie mit derartig viel Leid verknüpft ist, dass wir davon nicht „unberührt" bleiben, könnte durch diese Erkenntnisse wieder neu entfacht werden.

Außerdem bestätigen sich hier wissenschaftliche, quantenphysikalische Ansätze, die besagen, dass Materie an sich weder statisch noch unveränderlich, sondern vielmehr in einem ständigen Veränderungsprozess begriffen ist, der zudem auch noch abhängig ist vom Bewusstsein des jeweiligen Betrachters (die physikalische Theorie des „Beobachterabhängigen Universums" und die aus der Psychologie hinlänglich dokumentierte Theorie der „Sich-selbst-erfüllenden-Prophezeiung"[8] sind eindrucksvolle Beispiele für die Richtigkeit des Ansatzes von Dr. Emoto).

---

8 Sich-selbst-erfüllende-Prophezeiungen wurden u.a. an Schulen bestätigt, wo Lehrern bei der Übernahme einer neuen Klasse einige Schüler, die bislang bestenfalls durchschnittliche Leistungen aufwiesen, als besonders „förderwürdig", da hochmotiviert und von außergewöhnlicher Intelligenz gekennzeichnet, anempfohlen wurden.
Zum Ende des Schuljahres entsprachen die Schüler tatsächlich diesen Vorgaben. Die hohe Erwartungshaltung der Lehrer hatte ihre Einstellung diesen Schülern gegenüber beeinflusst; sie ließen ihnen mehr Aufmerksamkeit zukommen. Die Schüler ihrerseits entwickelten ein positiveres Selbstbild.

Eine praktische Auswirkung hat diese faszinierende Entdeckung ebenfalls, da sie zur Entwicklung des sogenannten magnetischen Resonanz-Analysators führte, mit dessen Hilfe bestimmte Frequenzen, u.a. in Flüssigkeiten, gemessen werden können.

Bei Kranken können dissonante Schwingungen erkannt und mit heilenden, da ausgleichenden Schwingungen behandelt werden (Homöopathen ist die Definition von Krankheit als „gestörtem Schwingungsmuster" längst vertraut und es bleibt zu hoffen, dass auf dieser Annahme basierenden Therapiekonzepten, wie denen der energetisch ausgerichteten Medizin mehr Aufmerksamkeit und auch Akzeptanz als bislang zuteil wird).

Fazit: Man kann also eine ungeordnete in eine stärker geordnete Struktur umwandeln, der dann wiederum eine stärkere Heilwirkung, im Sinne des Heil-, sprich: Ganzwerdens, zugesprochen wird. Was ganz im Sinne der „Attraktoren-Theorie" wäre, die besagt, dass Systeme einer höheren Ordnung eine anziehende Wirkung auf Systeme niederer Ordnung ausüben.

Laut Dr. Emoto verfügt Wasser also über ein „Gedächtnis", d.h. es ist fähig, eine Information aufzunehmen, zu bewahren, und auch wieder abzugeben. (Für diejenigen, die im asiatischen Denken geschult sind, mag das längst nicht so überraschend klingen, da dort die Grenzen zwischen belebter und unbelebter Materie wesentlich fließender aufgefasst werden, als auf der Grundlage des westlichen philosophischen und wissenschaftlichen Verständnisses.)

Und, was keineswegs unwesentlich ist: Selbst bei Unterschreitung der in den Trinkwasserrichtlinien festgelegten Schadstoffgrenzwerte entsteht eine Situation, bei der Gifte chemisch vielleicht gar nicht mehr nachgewiesen werden können, ihre „Schadfrequenz" jedoch im Wasser gespeichert bleibt. Die Frequenz der Schwermetalle liegt bei 1,8 Hz und genau diese Schwingung konnte auch bei manchen von Krebs befallenen Körpergeweben nachgewiesen werden.

Abschließend möchte ich Ihnen noch das sogenannte levitierte Wasser vorstellen, dem bereits Erfolge bei der Ausheilung einiger Krebsfälle nachgesagt werden. Seine Entstehungsgeschichte beginnt mit dem österreichischen Naturforscher Viktor Schauberger, der die Annahme vertrat, dass eine zentripetale (zum Zentrum hinführende) Bewegung auf lebende Systeme eine aufbauende Wirkung besitzt, während bei der zentrifugalen (vom Mittelpunkt fortführenden) ein Abbauprozess einsetzt.

Auf dieser Grundlage entwickelte sich eine Technik der Wasser-Verwirbelung unter Vakuum in einer doppelspiraligen, hyperbolisch-zentripetalen Bewegung. Auch hierbei wird viel Wert auf die Art und Weise der Herstellung gelegt. Eine Rolle spielen beispielsweise die Form der Wirbelvorrichtung sowie die Art der verwendeten Metalle, aber auch die Zahl und Richtung der Umdrehungen und ihr Rhythmus. Und letztendlich auch eine bestimmte Abfolge von Temperaturveränderungen während des Aufbereitungsprozesses. Wilhelm Martin entwickelte im Jahre 1972 einen aufschraubbaren Wasserhahnvorsatz in Form eines hyperbolischen Kegels. Eine Studienarbeit bewies bei Pflanzen die wachstumsfördernde Wirkung.

Schlussbetrachtung

Wie gefährlich im Wasser gelöste giftige Substanzen sind und wie weitreichend die Folgen, die durch die Aufnahme kontaminierten Wassers entstehen, möchte ich Ihnen am Beispiel Grönlands kurz erläutern.

Das Wasser vor Grönland gilt als das sauberste Wasser weltweit, nichtsdestoweniger machen die negativen Auswirkungen der Zivilisation auch vor Grönland nicht halt.

Während der Schadstoffgehalt im Wasser sehr niedrig ist, belastet er doch die Unterwasservegetation (Plankton), von dem sich wiederum Kleinstlebewesen (Zooplankton), ernähren.

Gemäß den Gesetzmäßigkeiten der Nahrungskette landen Kleinkrebse im Magen der Wale oder werden von Fischen aufgenommen, die ihrerseits von Robben verspeist werden. Die Robbe gehörte zu den Hauptnahrungsquellen der traditionell lebenden Inuit. Da Giftstoffe häufig fettlöslich sind, lagern sie sich im Fettgewebe an und werden vom Endverbraucher, im Falle der Robbe also vom Eisbären oder Menschen, aufgenommen.

Da es sich nicht um Stoffe handelt, die durch die körpereigenen für die Entgiftung zuständigen Organe abgeschwächt oder gar eliminiert werden können, fand man bei den Spezies an der Spitze der Nahrungskette eine starke Potenzierung des ursprünglich im Wasser nachgewiesenen Schadstoffwertes. So war beispielsweise das Fleisch von Eisbären 3-milliardenfach höher kontaminiert.

Eisbären der Region Spitzbergen erreichen wesentlich seltener ein Alter von fünfzehn Jahren, als ihre Artgenossen im Raum Alaska und Kanada. Auf Spitzbergen sterben doppelt so viele junge Eisbären wie in der übrigen Region, und bereits im Embryonalstadium beeinträchtigen Umweltgifte den Eisbären so massiv, dass es verstärkt zu Schädelvorformungen kommt.

Faröer Forscher stellten die Frage nach den Auswirkungen der vermehrten Schadstoffaufnahme bei den Menschen die sich auf traditionelle Art ernähren. Die ursprünglichen Ernährungsgewohnheiten der Inuit gelten als vorbildlich, der für unsere Breitengrade unvorstellbar hohe Anteil an fettem Fleisch ist eine Anpassung an die klimatischen und körperlichen Anforderungen, denen die Inuit bei traditioneller Lebensweise gerecht werden müssen.

Da der Wal eine sehr geschätzte Nahrungsquelle darstellt und besonders Walspeck (Matak) als Delikatesse gilt, wollte eine Forschergruppe um Pàl Weihe, dem Chef eines Krankenhausverbandes, in einer Langzeituntersuchung der Frage nach den Auswirkungen des im Grindwal enthaltenen Quecksilbers auf den Menschen nachgehen. Da der Grindwal an die obere Spitze der Nahrungskette gehört, gilt sein Fleisch als besonders stark belastet.

Man entnahm zu diesem Zwecke Neugeborenen Blut aus der Nabelschnur und ließ den Kindern eine siebenjährige Entwicklungszeit, nach deren Ablauf neurologische und psychologische Tests durchgeführt wurden. Zu den Haupt-Testkriterien gehörten die sogenannten höheren Hirnfunktionen, wie Gedächtnisleistung, Sprachfunktion, räumliches Denken, Konzentrationsvermögen. Wie bereits befürchtet bestätigte sich hier, dass Kinder mit einem höheren Quecksilbergehalt im Nabelschnurblut deutlich schlechter abschnitten, als weniger stark belastete Altersgenossen.

In der Hoffnung auf ausgleichende Tendenzen während der individuellen Entwicklung der Kinder wartete man weitere sieben Jahre, bevor man untersuchte, ob die Schadstoffauswirkungen noch in gleicher Intensität nachweisbar waren. Sie waren! Man kann also davon ausgehen, dass die verletzlichste Phase des Menschen das Embryonalstadium und die Phase der frühkindlichen Entwicklung sind. Mit Schäden, die in dieser Zeit entstehen, muss man ein Leben lang klar kommen. Des Weiteren fanden sich auch Schwächungen des Immunsystems, häufige Entzündungen der oberen Luftwege und Ohrenprobleme (Mittelohrentzündungen). Bei den Müttern von Säuglingen, die einen besonders häufigen Otitis media-Befall (Entzündung des Mittelohres) aufwiesen, stellte man eine besonders hohe Pcb –Kontamination fest.

Der grönländische Umweltminister rät denen, die noch Nachkommen planen, auf fettes Fleisch, wie Eisbär oder Robbe weitestgehend zu verzichten. Früher aßen viele Inuit vier bis sechs Mal wöchentlich Seehund. Der Zwiespalt, in dem sich viele Bewohner der Region befinden, ist darin zu sehen, dass sie nur über zwei Möglichkeiten sich zu ernähren, verfügen: Moderne westliche Ernährung, die als unzureichend gilt und zur Verbreitung des ehemals fast unbekannten Diabetes geführt hat, oder traditionelle grönländische Kost, die allerdings umweltverseucht ist. Dementsprechend auch die Empfehlungen, bei den zur Nahrung vorgesehenen Tieren die Entgiftungsorgane (Niere, Leber), die ja als Giftspeicher bekannt sind Fettsäuren - eine hochwertige Energiequelle darstellt. So lautet denn auch die Ford, ebenso wie sehr fettes Fleisch vom Verzehr völlig auszuschließen.

Was den ökonomischen Ernährungsgewohnheiten der ursprünglich lebenden Inuit widerspricht, da Robben rund 40% Fett aufweisen und gerade dieses - da reich an mehrfach ungesättigten Fettsäuren – eine hochwertige Energiequelle darstellt. So lautet denn auch die Forderung vieler Ernährungsforscher, den Grundnahrungsbedarf über die Vertreter des unteren Ende der Nahrungskette (wie beispielsweise: Kleinkrebse) abzudecken und ansonsten auf eine kontrollierte Aufnahme der ungesättigten Fettsäuren zu achten.

Diese, als „Fett des lieben Gottes" bezeichneten Substanzen (u.a. Omega-3-Fettsäuren) werden dafür verantwortlich gemacht, dass die Inuit eine signifikant geringere Belastung mit Herz-Kreislauf- oder Gefäßerkrankungen aufweisen, als Westeuropäer.

Noch gar nicht absehbar ist, welche Folgen neue Technologien mit den ihnen eigenen neuen Formen der Umweltverschmutzung nach sich ziehen. So erinnern halogenierte Flammenhemmer aus der Computerherstellung im Verhalten stark an Pcb: Sie beeinflussen menschliche Zellen auf dieselbe Weise.

Viele Umweltgifte haben eine starke Ähnlichkeit mit natürlichen Hormonen. Bei Ostgrönländern, die die stärksten Verunreinigung im Blut aufweisen, hat auch die Qualität der Spermien stetig abgenommen und die Samenqualität ist besonders schlecht, was sich in der mangelnden Beweglichkeit der Spermien zeigt. Die Verschmutzung des Wassers wird so zu einer Gefahr für das Überleben der Inuit.

Nachtrag

Laut einer UNESCO-Studie zur weltweiten Wasserqualität erreicht das deutsche Trinkwasser gerade einmal den 57. Platz und liegt damit nicht nur hinter den Spitzenreitern Finnland, Kanada und Neuseeland, sondern auch den Nachbarn Schweiz (16. Platz) und Österreich (18.Platz). Als ursächlich dafür wird der stetige Anstieg von Pestiziden aus der Landwirtschaft angesehen. (Naturarzt Nr.3, März 2006, S. 48/49)

Am 16.05.2006 informieren die Medien über einen Vorwurf der Linkspartei Sachsen-Anhalts in Richtung Sozialministerium, dass bedenkliche Uranmesswerte in Mineralwassern unter Verschluss gehalten würden. Das Sozialministerium dementiert und verweist auf die Unbedenklichkeit sämtlicher Wasser der Region. Dagegen behauptet die Organisation „foodwatch", die Uranbelastung wäre ganz besonders für Kleinkinder zu hoch – die realen Werte würden verheimlicht.

Zusammenfassung

Wasser ist Lösungs-, Speicher- und Transportmittel.

Wasser ist Quelle, Empfänger und Gedächtnis von Informationen (in Form elektromagnetischer Schwingungen).

Wasser hat nicht die Aufgabe, den Körper mit lebensnotwendigen Mineralien zu versorgen.

Im Mineralwasser finden sich Mineralstoffe in anorganischer Form, die vom Körper nicht verwertet werden können. Ein gutes Mineralwasser ist daher mineralarm. Der pH-Wert bezeichnet die Wirksamkeit des Wasserstoffs. Ob eine Lösung als sauer, neutral oder basisch eingestuft wird, hängt von der Konzentration der Wasserstoff-Ionen ab. Wobei die Stärke einer Säure direkt von der Wasserstoff-Ionen-Konzentration abhängig ist, die einer Base von der Stärke der Hydroxyl-Ionen. Bei reinem Wasser befinden sich diese Ionen im Gleichgewicht. Von hartem Wasser werden in erster Linie die Arterien und das Bindegewebe geschädigt, weitere Schäden entstehen in Folge. Wollten Sie anorganische Stoffe verarbeiten (was zugegebenermaßen recht ökonomisch wäre), benötigen Sie für deren Umwandlung den Stoffwechsel einer Pflanze. Viele Naturvölker u.a. Eskimos, ernähren sich ausschließlich von Niederschlagswasser (Schnee) – da es sich hierbei um ein Destillat handelt, finden sich keinerlei Mineralstoffe. Tiere bevorzugen, wenn man ihnen die Wahl lässt, ebenfalls mineralarmes Wasser (sie trinken gerne aus Pfützen). Im Vergleich zu normal getränkten Haustieren weisen sie in der Regel ein glänzenderes Haarkleid auf und verfügten über größere Vitalität und geringere Krankheitsanfälligkeit (L. C. Vincent).

Verwertbar sind für den menschlichen Organismus lediglich die Stoffe, die sich im wässrigen Anteil von Obst und Gemüse befinden.

Vermeiden Sie kohlensäurehaltige Getränke – durch den hohen Natriumgehalt gelten die gleichen Einschränkungen, wie im Umgang mit Salz.

Literatur zum Thema:

Dr. Paul C. Bragg/ Dr. Patricia Bragg, Wasser - das größte Gesundheitsgeheimnis (5. Auflg. 1993 im Waldthausenverlag) - immer noch ein Klassiker. Beide Autoren waren als Ernährungs- und Gesundheitsberater für US-Präsident Truman, das englische Königshaus und zahlreiche Spitzensportler tätig. Sie plädieren für den Genuss des in den USA sehr verbreiteten dampfdestillierten Wassers.

Dr. Norman Walker, Wasser kann Ihre Gesundheit zerstören! (Verlag Waldthausen, 1999)

Dr. John Yiamouyiannis, Früher alt durch Fluoride (Verlag Waldthausen,1991) (Yiamouyiannis spricht sich gegen die flächendeckende Fluoridierung des Trinkwassers aus)

Olaf Alexandersson, Lebendes Wasser (Ennsthaler Verlag, 2003)

Faridun Batmanghelidj, Wasser, die gesunde Lösung (VAK Verlag, 2009)

Esotera 08/1996 und 07/2001

Vorwiegend mit der Wasserstruktur als Schlüssel für langes und gesundes Leben beschäftigen sich:

Patrick Flanagan, Elixier der Jugendlichkeit – Du bist, was Du trinkst! (Vlg. Waldthausen, 1992)

Dr. Masaru Emoto, Die Antwort des Wassers (KOHA Verlag, 2002)

Dr. Masaru Emoto, Wasserkristalle (KOHA Verlag, 2002)

Zum ökologischen. Aspekt hat der im Umweltschutz und der Friedensbewegung engagierte Humanmediziner Till Bastian einen Roman (Tödliches Klima) geschrieben, der auf der Grundlage wissenschaftlicher Forschungen seine spannende Handlung im Mittleren Osten entfaltet. Die Kontrolle des Wassers wird hier zum lokalen Machtfaktor mit globalen Auswirkungen. (Riemann Verlag der Verlagsgruppe Bertelsmann, 2000)

Ebenfalls Kultstatus genießt „So lasst uns denn ein Apfelbäumchen pflanzen" des Berliner Professors Hoimar von Ditfurth. Im Kapitel „Eine Wüste neuer Art" befasste er sich bereits Mitte der achtziger Jahre mit den Auswirkungen des fehlenden ökologischen Bewusstseins auf die Trinkwasserversorgung. (Rasch und Röhring Verlag, Hamburg, 1985)

Wer sich für die zulässigen Grenzwerte im Trinkwasser interessiert, kann das Zahlenmaterial unter www.wasser.de abfragen

Trinkbares Wasser und Wasseraufbereitungstechnologie ist unter den folgenden Adressen zu beziehen:

Weber-Isis-Wasser-Aktivator

Ein mehrschichtiger Akkumulator zur energetischen Wasseraufbereitung, der sowohl für den häuslichen Gebrauch (geschmackliche Verbesserung des Trinkwassers, entkalkend, harmonisierend für Menschen, Tiere und Pflanzen durch Löschung von Schadstoffinformationen), als auch zur Reduzierung von Algen in Teichen und Seen eingesetzt werden kann. Über die Aktivierung von Mikroorganismen und Bodenlebewesen soll eine Steigerung des Sauerstoffgehalts bei gleichzeitigem Abbau von Faulschlamm erzielt werden. Info: Weber Bio-Energie Systeme & Umwelt-Technologien, Kasseler Str. 55, 34289 Zierenberg, Tel. 05606/5770 Fax 05606/5771 www.weberbio.de

Läden, die levitiertes Trinkwasser anbieten:

In Berlin: Wasser-Werkstatt, Walnussweg 44, 12347 Berlin, Tel. 030/ 70189620 Fax 030/70189619, www.wasserwerkstatt-berlin.de und www.carbonit.com sowie Wasserwirbel, Schlesische Strasse 28, Gewerbehof II, HH 10997 Berlin, Tel. 030/ 61286120 Fax 61286121

Informationen zum Thema levitiertes Wasser und seinen Einsatz in der Krebstherapie:

Über: Fa. Leva Quell, www.levaquell.de

Zentrale Zapfstellen für den Verkauf von levitiertem Wasser über:

Gesellschaft für organphysikalische Forschung und Entwicklung, Email: info@wilfried-hacheney.de, Am Königsberg 15, 32760 Detmold, Tel. 05231/4184

Basenbalance-Wasser nach Prof. Popp (Osmose plus Biophotonen) Info: 0177/611 1920 oder E-Mail: rolf.scholze@web.de.

Die Grüne Liga bietet Trinkwassertests an, bei denen der Bleigehalt, aber auch das Vorhandensein anderer Schwermetalle nachgewiesen werden kann. Info: Prenzlauer Allee 230, 10405 Berlin, Tel. 030/4433910

LAURETANA – „Das leichteste Wasser Europas": Importgesellschaft m. b. H., Moosstraße 8, A-5230 Mattighofen Tel.: +43 7742/2426 – 20 Fax: DW 28 www.lauretana.de (Produktmanual, Fachinformation, Bezugsmöglichkeiten)

Postfach 1227, 83382 Freilassig, Tel: 0180-4528738, Fax:1800-4528728

Ernährungslüge Nr. 2: Der menschliche Körper braucht tierisches Eiweiß

Eiweiß ist einer der Grundbausteine des Lebens

„... Gehe sparsam mit Tierprodukten um, ernähre Dich bevorzugt von pflanzlicher Frischkost. ..."
Hippokrates

Soweit – so gut! Falsch ist jedoch, dass es sich dabei unbedingt um tierisches Eiweiß handeln muss. Dass Milch für die menschliche Ernährung weitestgehend ungeeignetes Eiweiß enthält, wird im diesbezüglichen Kapitel noch ausführlich behandelt werden. Grundsätzlich gilt jedoch: Jedes artfremde, tierische Eiweiß kann vom menschlichen Organismus nicht ohne Probleme verarbeitet werden.

Sämtlichen, sich hartnäckig haltenden Mythen zum Trotz, leben Vegetarier keineswegs ungesünder als ihre „fleischfressenden" Mitmenschen. Ganz im Gegenteil. Immer mehr Studien beweisen, dass eine ausgewogene (!) vegetarische Kost das Erkrankungsrisiko an vielen chronisch - degenerativen Krankheiten deutlich mindert.

Die Betonung liegt dabei auf „ausgewogen", was reichlich Obst, Gemüse und ergänzend Vollkorn, Nüsse, Keime und Sprossen sowie Kräuter beinhaltet. Der sogenannte „Pudding-Vegetarier" kann sich zwar an der Vorstellung erfreuen, anderen Lebewesen keinen Schaden zuzufügen, für ihn selbst gilt das jedoch leider nicht.

Fakt ist: Bei einer vitalstoffreichen Vollwertkost mit einem Rohkostanteil von mindestens einem Drittel des täglichen Nahrungsbedarfs benötigen Sie weder Fisch noch Fleisch, auch kein Geflügel oder sonstige tierische Produkte um den täglichen Eiweißbedarf zu decken.

Im Kapitel über Milch wird darauf verwiesen, dass immer mehr Mediziner gerade Milch, die auch heute noch als Eckpfeiler einer gesunden Ernährung in unserem Bewusstsein verankert ist, verantwortlich machen für die Entstehung von Neurodermitis, Psoriasis und das Auftreten gefährlichen Erbrechens.

Der ständige Verzehr artfremden Eiweißes provoziert den Körper immer wieder zu Abwehrreaktionen. Warum das so ist, werde ich kurz erläutern.

Eiweiß ist ein Grundbaustein des Lebens und findet sich praktisch in jeder Körperzelle.

Während Kohlenhydrate und Fette für die Energiegewinnung unerlässlich sind, ist es das Eiweiß für die Strukturierung. Proteine finden sich im Zellkern und bestimmen unser Erbgut.

Enzyme, Hormone, Blut – all das wäre ohne Eiweiß nicht denkbar.

Da Proteine nicht in größeren Mengen gespeichert werden können, müssen sie über die Nahrung zugeführt werden. Das bedeutet im Umkehrschluss aber auch, dass wir wirklich nur so viel aufnehmen sollten, wie wir zur Aufrechterhaltung der Körperfunktionen brauchen.

Dabei handelt es sich streng genommen nur um die Menge, die die Leber zum Aufbau körpereigener Proteine benötigt.

Diesbezügliche Empfehlungen sind häufig stark übertrieben und wurden früher gern als Anti-Aging - Wundermittel oder Stimulans für Hochleistungssportler angepriesen, während sie heute als sogenannte Lifestyle-Medikamente auf eine noch größere Verbraucherklientel abzielen. Ob in diesen speziellen Bereichen tatsächlich Wirkungen zu erzielen sind, wird später noch zu klären sein.

Bedauerlicherweise sind es wieder einmal allein die Pflanzen, die in Sachen ökonomische Nährstoffverwertung eine enorme Überlegenheit an den Tag legen. Nicht genug damit, dass sie Stickstoff aus der Luft oder dem Boden aufnehmen und mit Kohlen-, Wasser- und Sauerstoff zu Eiweißen aufbauen können. Nur sie sind tatsächlich in der Lage, die zwanzig Aminosäuren, die das Grundgerüst aller Eiweißstoffe bilden, auch selbst aufzubauen. Dem Menschen gelingt dies nur bedingt, acht „essenzielle" Aminosäuren[9] müssen in der Nahrung enthalten sein.

Obwohl immer noch eine gegenteilige Meinung vorherrschend ist, liefern weder Fleisch noch Milch besonders hochwertiges Eiweiß, da es diesem an Methionin mangelt. Zwar weisen auch Getreide gewisse Mängel auf – hier sind es Lysin- und Threonin, die nicht ausreichend zur Verfügung stehen – jedoch lässt sich dieses Defizit ausgleichen, indem man sie mit Hülsenfrüchten kombiniert.

(Das ist der positive Aspekt der weiter unten beschriebenen Ornish-Diät.)

Die mit der Nahrung aufgenommenen Eiweiße werden im Magen (und Darm) mittels eiweißspaltender Enzyme wie Pepsin, Trypsin oder Chymotrypsin in einzelne Aminosäuren zerlegt.

Von hier aus gelangen sie über den Blutweg in die Leber, wo die Umstrukturierung der Nährstoffe beginnt. Während gut die Hälfte der Aminosäuren für die Energieversorgung bereitgestellt wird, wird der restliche Anteil in biosynthetische Prozesse eingebunden.

Der Eiweißstoffwechsel ist äußerst komplex und immer noch nicht vollständig

---

[9] Das sind Isoleucin, Leucin, Lysin, Methionin, Phenylalanin, Threonin, Tryptophan und Valin. (Nähere Angaben zu ihren Hauptaufgaben und dem Vorkommen finden Sie in der Zusammenfassung.)

erforscht.

Seine Steuerung obliegt wahrscheinlich ebenfalls der Darmflora. Drei Hauptbereiche lassen sich innerhalb des Eiweißabbaus unterscheiden. Zum einen die Übertragung von Stickstoffmolekülen, die Verbindungen entstehen lässt, die eine beschleunigte Energieverwertung im Zitronensäurezyklus ermöglichen.

Ferner die Kohlendioxydabspaltung, die Aminosäuren zu Aminen abbaut, welche wiederum die Grundlage für Botenstoffe und Struktureiweiße bildet. Und ein Stickstoffabspaltungsprozess, bei dem giftiges Ammoniak entsteht, das im Ornithin-Zyklus ausscheidungsfähig wird.

Für die Synthese der Gewebseiweiße benötigt die entsprechende Körperzelle die im Zellkern enthaltene RNS-Matrize als „Kopiervorlage".

Eine unvollständige Synthese von Gewebseiweißen kann durch fehlerhafte Matrizen entstehen und diese wiederum u.a. durch Pestizide, die mit der Nahrung aufgenommen werden.

Das Stoffwechselendprodukt des Kernstoffwechsels ist die ebenfalls ausscheidungspflichtige Harnsäure. Sie hat einen großen Nachteil: Sie ist nicht weiter abbaubar. Die anfallende Harnsäure von ca. 1 Gramm täglich je Zelle (nur rote Blutkörperchen besitzen keinen Zellkern) wird bis zu 80% über die Nieren ausgeschieden.

Zu einer Erhöhung des Harnsäurespiegels trägt neben einer vorgeschädigten Niere die purinreiche Kost bei, aber auch ein gesteigerter Grundumsatz, wie er bei der Schilddrüsenüberfunktion anzutreffen ist. Obwohl es auch noch die Möglichkeit einer angeborenen Kernstoffwechselentgleisung gibt, die auf einem Enzymdefekt beruht, kann man davon ausgehen, dass eine in westlichen Industrienationen übliche massive Fehlernährung die Hauptursache für die Entstehung sowohl von Gicht als auch Harnsäuresteinen bildet.

Bedauerlicherweise muss, sollten diese Probleme erst einmal bestehen, nicht nur beim Fleischgenuss Verzicht geübt werden – auch viele prinzipiell hochwertige Eiweißträger pflanzlicher Herkunft müssen gemieden werden. Dazu gehören etliche Hülsenfrüchte und Pilze. Erlaubt sind neben Obst und Gemüse auch Quark und Soja sowie Hafer und Mais.

Von den Tees stehen hier besonders die Früchte und Kräutertees zur Verfügung, aber natürlich auch Obstsäfte und zwar besonders von alkalisierenden Zitrusfrüchten.

Da es auch unter den Mineralwässern sogenannte „Säuerlinge" gibt, sollten diese gemieden werden.

Um die Homöostase[10] des Körpers nicht zu gefährden, darf die Stickstoffmenge, die dem Körper über die tierischen Eiweißprodukte zugeführt werden, nicht die täglich ausgeschiedene Menge von maximal 40 Gramm überschreiten.

Leider ist das jedoch bei der heutzutage üblichen Fast Food –Ernährung nicht der Fall. Wird über einen längeren Zeitraum jeden Tag das Mehrfache der erlaubten Menge aufgenommen, kommt es zu einer Selbstvergiftung des Körpers. Im Darm kommt es durch den Überschuss der unverdauten Eiweiße zu Fäulnis und Gärung. Diese giftigen Stoffe erreichen mit einem Säureüberschuss Milz und Leber, wo sie weitere Schäden anrichten. Auf dem Blutwege kommt es zu einer Ablagerung von Aminosäuren in feinsten Gefäßen, wodurch es reflektorisch zu einer Erhöhung des diastolischen Blutdruckes kommt. Die Folgen eines permanent zu hohen Blutdruckes sind Durchblutungsstörungen bis hin zum Infarkt, von dem nicht nur das Herz, sondern eine Vielzahl von Organen betroffen sein kann (Hirn, Lungen, Nieren).

Der Sauerstoffmangel in den Zellen führt aber auch zu einer permanent fortschreitenden Verschlechterung des Gesamtstoffwechsels und weitere Stoffwechselstörungen können sich praktisch „aufpfropfen".

Eine zusätzliche Folge der Eiweißmast wurde an anderer Stelle[11] bereits erläutert: Die Verschlackung des Bindegewebes, die zur Umstrukturierung bindegewebiger Fasern führt.

Die Verbindung zwischen der Zelle und dem sie ernährenden Blutgefäß wird zunächst erschwert, dann zunehmend unmöglich. Das buchstäbliche „Verhungern vor vollen Töpfen", als Kennzeichen der Wohlstandsgesellschaft, wiederholt sich hier im Kleinen.

Für all diese Erkrankungen ist ein kranker Darm verantwortlich. Oder um ganz genau zu sein: letztlich der Mensch, der es zuließ, dass sein Darm so weit geschädigt wurde, dass er seinen Aufgaben nicht mehr gerecht werden konnte.

Ist die Darmschleimhaut erst einmal vorgeschädigt, können verschiedene Nahrungsbestandteile nicht mehr richtig verarbeitet werden und das Immunsystem reagiert mit der Bildung von Antikörpern. Da dieser Antikörpernachweis nur im Blut erfolgen kann, bleiben die häufig von Medizinern durchgeführten Hauttests zur Feststellung eventuell vorhandener Nahrungsmittelallergien auch ergebnislos, da diese keine zuverlässigen Aufschlüsse über Defekte der Darmschleimhaut geben können.

Antigen-Antikörper-Komplexe können zu Wasser-, aber auch Fetteinlagerungen im

---

10 Unter Homöostase versteht man die Aufrechterhaltung eines konstanten inneren Körpermilieus, wozu verschiedene Regelsysteme vonnöten sind. So benötigen wir beispielsweise eine relativ konstante Körpertemperatur und auch der Wasser- und Elektrolythaushalt wie auch das hormonelle System unterliegen diesen Steuerfunktionen.
11 Zur Entstehung rheumatischer Erkrankungen im Kapitel über Milch.

Gewebe führen, woraus ein Übergewicht resultiert, das seinerseits die Grundlage für neue Beschwerden (u.a. überlastete Gelenke) bildet. Es mag befremdlich erscheinen: aber Antikörper, die gegen tierische Proteine gebildet werden, können sich auch in einer „überschießenden" Reaktion gegen das körpereigene Gewebe richten.

In der Folge entstehen Autoimmunerkrankungen wie das mittlerweile sehr verbreitete Gelenkrheuma.

Nicht übersehen darf man hierbei aber auch, dass Immunreaktionen gegen bestimmte Nahrungsmittel das körpereigene Abwehrsystem überlasten und es somit anfälliger werden lassen. Häufige grippale oder andere Infekte wären ein mögliches Indiz hierfür, auf Dauer gesehen wächst jedoch sogar das Krebsrisiko!

Eine ganze besondere Problematik stellt sich mit der ständigen Zunahme von labortechnisch erzeugten Fertigprodukten ein. Gerade die Unmöglichkeit, die Herkunft der Ingredenzien bis ins letzte Detail hinein nachzuvollziehen, macht die Vermeidung allergieauslösender Stoffe so gut wie unmöglich.

So schildert die Saarländer Allergologe Friedrichkarl Steurich den Fall einer dreijährigen Fischallergikerin, die nach dem Knabbern eines Zitronenplätzchens plötzlich alle Symptome eines allergischen Schocks aufwies. Natürlich enthielt dieses Gebäck keinen Fisch, jedoch Vollei.

Da heutzutage, bei der Vielzahl künstlicher Aromen so gut wieder jeder Geschmack überdeckt werden kann, werden die unschuldigen Ei-Erzeugerinnen häufig mit Fischmehl gefüttert (Heinz Knieriemen, Lexikon Gentechnik-Fooddesign-Ernährung).

Einige Aminosäuren, wie beispielsweise Isoleucin, können bereits voll-ständig gentechnisch erzeugt werden. In der EU waren im Jahr 2000 bereits 42 gentechnisch hergestellte Proteine zugelassen, die auch in zahlreichen Medikamenten anzutreffen sind.

Allergien und zahlreiche Unverträglichkeiten sind die Folge der zunehmenden Verwendung von Konservierungsenzymen wie Lysozym, das aus Eiweiß hergestellt wird. Aminosäuren, die Eiweißbausteine, bilden auch die Grundlage von Aromen und sind deshalb praktisch in allen weiterverarbeiteten Produkten vorhanden.

Der „Star" unter den gentechnisch erzeugten Aminosäuren ist das Glutamat (das Natriumsalz der Glutaminsäure). Der Zusatz dieses Stoffes ist nach den vielfältigen Verarbeitungsschritten, denen industriell gefertigte Nahrungsprodukte im Zuge ihrer Entstehung ausgesetzt sind und die eine völlig geschmacklose Masse erzeugen, einfach unerlässlich. Auch wenn es eine „natürliche" Glutaminsäure gibt, die im Klebereiweiß von Weizen, Mais oder Soja, beheimatet ist, so handelt es sich hier doch um ein synthetisches Erzeugnis. Einige Aminosäuren (Alanin, Glycin), transportieren einen süßen Geschmack – andere einen eher bitteren ((Histidin, Phenylalanin, Tryptophan). Methionin beispielsweise, schmeckt eher bitter. Ohne diese vielfältigen Zusätze wären Fertigprodukte überhaupt nicht absetzbar, da weder Farbe, noch Konsistenz – vom Geschmack einmal ganz zu schweigen – auch nur das geringste Kaufinteresse wecken würden.

Eine Sonderstellung unter den Eiweißsynthesen nimmt das nach der Art seiner Entstehung benannte Einzeller-Eiweiß (SCP) ein. Sein Dasein verdankt es der Beobachtung des Franzosen Albert Chapagnat, der bereits im Jahre 1960 mit einzelligen Organismen, die sich von Erdöl ernähren können, experimentierte. Spezialhefen der Gattung Candida verdauten Erdölparaffine zu einem Protein. Für viele der großen Erdölkonzerne schien die Erzeugung des Petro-Proteins ein einträglicher Erwerbszweig zu werden. Langfristig jedoch konnte es sich nur auf dem Tierfuttermittelmarkt behaupten. Und das, obwohl immer wieder Versuche gestartet wurden, eine breitere Akzeptanz zu erzielen.

So produzierte Esso in den Vereinigten Staaten „Torutein" – ein Ethanol-Protein, das einerseits Getreidemehlen und daraus erzeugten Produkten beigesetzt wurde, andererseits aber auch bei Fleischprodukten und Saucen die Emulgiereigenschaften deutlich verbessern kann und als Gel, Dickungsmittel und Kaffeeweißer zum Einsatz kommen sollte. Auch in Großbritannien und der Schweiz sind entsprechende Präparate seit langem im Einsatz. Der deutsche Chemiegigant Hoechst ist ebenfalls dabei, sein Stück des großen Kuchens namens Functional Food zu sichern (Heinz Knieriemen, Lexikon Gentechnik, Fooddesign, Ernährung).

Bleiben wir gleich bei einem weiteren und zunehmend größeren Einsatzgebiet gentechnisch erzeugter Eiweißstoffe: Dem stetig boomenden Markt der Fitness- und Sportlernahrung.

Auch die immer wieder einmal auftauchende Ernährungslüge; Sportler hätten einen erhöhten Eiweißbedarf, hat sich längst als nicht haltbar erwiesen. So konnte bislang kein leistungsfördernder Effekt nachgewiesen werden. Laut Professor P. Stehle, Universität Bonn, sind sowohl Energy Drinks, als auch Sportlerriegel oder spezielle Nahrungsergänzungen ein „unnötiger Luxus". Vor besonderen sportlichen Belastungen empfiehlt Professor M. Hamm, Fachhochschule Hamburg, den Verzehr kohlen-hydratreicher Kost. Aufgrund der begrenzten Fähigkeit von Muskulatur Kohlenhydrate einzulagern, kann gegebenenfalls während des Wettkampfes oder Trainings Nachschub nötig sein (Naturheilkunde 9/2000).

Im direkten Vergleich Eiweiße – Kohlenhydrate zeigt sich der weitaus geringere Nutzen, den Eiweiß als Brennstoff hat, denn es trägt nicht direkt zur Muskelarbeit bei.

Ein Begriff, der auch im Zusammenhang mit dem natürlichen Eiweiß, pflanzlicher oder tierischer Herkunft, oft fällt, ist der der Denaturierung. Eiweiß wird dann als denaturiert bezeichnet, wenn es in seiner chemischen Struktur und den elektrostatischen Bindungen verändert wurde. Das geschieht zum einen mit Hilfe von Enzymen oder organischen Lösungsmitteln, aber auch durch Zusatz von Salzen oder Säuren.

Lab, das dabei ebenfalls zum Einsatz kommen kann, ist vielen von Ihnen sicherlich ein Begriff. Ein Mangel an Labenzymen ist beim Menschen mitunter ein Grund für Milchunverträglichkeiten, da dann die Vorverdauung beziehungsweise Kaseinfällung gestört ist.

Auch Hitzeeinwirkung verändert die Eiweißstruktur, was sowohl für die zu Hause abgekochte Frischmilch, als auch das Frühstücksei gilt.

Radikale Eigegner fordern oft dazu auf, einmal ein Ei über einen längeren Zeitraum einfach liegen zu lassen und dann das Ergebnis zu betrachten. Es macht wirklich keine Lust auf „mehr"! Das Eiweiß wandelt sich in eine fast durchsichtige, Plastik nicht unähnliche Substanz, die man auch mit viel Phantasie nicht als der menschlichen Ernährung dienlich interpretieren kann.

In einem Fachbuch, das Tipps für die Haltung von Käfig- und Volierenvögeln vermittelte, fand ich auch einmal den Hinweis auf die negativen Folgen des „Abschreckens" von gekochten Eiern, da es dabei zu einer ungünstigen Veränderung der Eiweißstruktur käme, was sich abträglich auf die Gesundheit der Tiere auswirken könne.

Daraus erwächst keine Aufforderung, die Kartoffeln künftig roh zu genießen, denn auch die Denaturierung ist mitunter in Kauf zu nehmen, da einige Eiweiße ansonsten völlig ungenießbar bleiben. Das gilt für Bohnen, deren dem Schutz vor Fressfeinden dienendes Gift (Phasin) unter Wärmeeinwirkung zerstört wird, ebenso wie für Maniok, Soja oder einer Vielzahl anderer Nahrungsmittel, die um der Bekömmlichkeit willen fermentiert[12] oder erhitzt werden müssen.

Zu den fermentierten Produkten gehören nicht nur Brot und Backwaren, sowie verschiedene Milch- und Käseerzeugnisse, sondern auch das allseits geschätzte Bier. Aber leider waren auch hier die Bemühungen der Gentechnik um die künstliche Erzeugung von dafür verantwortlichen Mikroorganismen längst von Erfolg gekrönt. Mittlerweile können alle lebensmitteltechnisch relevanten Mikroorganismen gentechnisch manipuliert werden.

Trotzdem ist der Begriff der Denaturierung weitestgehend negativ besetzt, da er mit Verlust von Vitalstoffen gleichgesetzt wird. Industriell erzeugte Nahrung ist aber generell etlichen wertmindernden Prozessen ausgesetzt, wie beispielsweise der Modifizierung von Proteinen aus rein technologischen Gründen (um Weiterverarbeitungsschritte zu erleichtern etc.).

Das vielleicht noch recht harmlos klingende „texturieren" charakterisiert einen Prozess, bei dem unter Zuhilfenahme eines sogenannten Extruders[13] eine Umwandlung von Eiweißen in eine beliebige, momentan erwünschte Faserstruktur

---

12 Der Begriff der Fermentierung kennzeichnet einen Verwertungsprozess, der sich die Gärung nutzbar macht. „Fermente" oder „Enzyme" könnten synonym benutzt werden, es gibt jedoch allgemein anerkannte Sprachregelungen für den Einsatz beider Bezeichnungen.
13 Eine maschinelle Vorrichtung, die mittels Hitze und Druck eine homogene Grundmasse erzeugt. Formfleisch oder Formfisch/Surimi entstehen auf diese Weise.

erzielt wird.

Bei der Erzeugung von Trockenmilch oder Trockenei werden ebenfalls essenzielle Aminosäuren zerstört.

So wird ein im Körper ablaufender Prozess mit „enzymatischer Reaktion", ein sich auf Nahrungsmittel beziehender als „Fermentation" bezeichnet. Interessanterweise heißt es jedoch „Enzymtechnologien", wodurch der Eindruck entstehen könnte, das hier natürliche Vorgänge beschrieben werden.

Zu den allergisch bedingten Reaktionen zählt auch die Zöliakie, eine Stoffwechselstörung, bei der eine Glutenunverträglichkeit vorliegt. Gluten, das Klebereiweiß, ist ein Getreidebestandteil und gehört zur Gruppe der globulären Eiweiße. Deren Name leitet sich von der Form ab und ist auch der Oberbegriff für einige tierische Eiweiße, die Albumine und Globuline. Bei dem Krankheitsbild der Zöliakie mehren sich ebenfalls die Stimmen, die davon ausgehen, dass es sich um ein „hausgemachtes" Problem handelt.

Grosse Pharmakonzerne, die neben dem Düngemittelmonopol (auch Herbi- und Pestizide) gleichzeitig auch das Monopol auf Saatgut besitzen (wie praktisch!) konzentrieren sich auf den Vertrieb einiger weniger Hochertragssorten und Hybriden. Hybridsaatgut ist nicht zur Selbstvermehrung fähig, muss also jährlich neu gekauft werden und sorgt somit für eine leichtere Marktkontrolle. Ein reicher Ertrag und Schädlingsresistenz standen bei den gentechnischen Manipulationen im Vordergrund und hatten einen absoluten Vorrang vor einer Verbesserung der Qualität.

Auch die stetige Zunahme der Zöliakie-Neuerkrankungen sollte uns nicht nur Anlass zur Sorge geben, sondern uns zugleich zur kritischen Hinterfragung gentechnischer Möglichkeiten veranlassen.

Das am stärksten nachgefragte einheimische Getreide, der Woizon, wurde und wird seit Jahren bezüglich bestimmter Eigenschaften, wie Kleberfestigkeit und Backverhalten, stark verändert. Diese Orientierung an den technologischen Anforderungen der Nahrungsindustrie bedingt eine Verschiebung der Eiweißstruktur zugunsten der Mehlkörperproteine Glutenin und Gliadin, wodurch die Zöliakie begünstigt wird.

Dass Naturprodukte eigentlich nicht „verbesserbar" sind, beschreiben die Wissenschaftsjournalisten Dagny und Imre Kerner in „Der Ruf der Rose", auf sehr eindrucksvolle Weise.

Sie dokumentieren ein Experiment des Schweizer Pharmakonzerns Ciba-Geigy, in dessen Verlauf keimfähiger Weizen elektromagnetischen Feldern ausgesetzt wurde. Nachdem die Saat aufgegangen war, sah man sich mit einer Pflanze konfrontiert, die keinerlei Ähnlichkeit mit den heutzutage bekannten Getreidearten aufwies.

Erst ein hinzugezogener Ethnobiologe konnte das Rätsel lösen: Es handelte sich um eine Form des Urweizens. Dieser besaß wesentlich kleinere, aber nährstoff- und geschmacksreichere Körner und nicht nur einen, sondern mehrere Fruchtstände pro Halm.

Seinen gesamten Entwicklungszyklus durchlief er in einer wesentlich kürzeren Zeitspanne, was ihn für Regionen mit etwas kürzerer Sonneneinstrahlung sehr interessant gemacht hätte. Zudem hatte das den zusätzlichen Vorteil des unangepassten Getreideschädlings, der im Moment seines Auftretens mit bereits abgeernteten Feldern konfrontiert würde. Vom Standpunkt des Vertreibers also ein reines Verlustgeschäft.

Wer möchte schon gern auf Tonnen von Schädlingsbekämpfungsmitteln sitzen bleiben?

Die wahren Interessenlagen von Grundnahrungsmittelanbietern zeigen sich hier wohl recht deutlich und die zunehmende Verflechtung von Nahrungsproduzenten und Arzneimittelherstellern sollte uns zumindest die Frage erlauben, ob sich hier nicht ein Interessenkonflikt abzeichnet. Die Versuchung, für ein neu hergestelltes Medikament gleich die dadurch zu behandelnde Krankheit über die Propagierung schädigender Nahrung „mitzuliefern" , ist sicher recht groß und erfordert gefestigtere moralische Grundsätze, als man gemeinhin in den Chefetagen von Konzernen anzutreffen gewohnt ist.

Eine Unterversorgung mit Eiweiß ist bei unseren Ernährungsgewohnheiten eher unwahrscheinlich. Viel problematischer hingegen ist die häufig praktizierte Eiweißmast.

Prof. Lothar Wendt warnt vor den Folgen dieser Entwicklung und prophezeit eine Zunahme von durch Eiweiß hervorgerufenen Erkrankungen. Er spricht von einer speziellen Form:

den Eiweißspeichererkrankungen, und bringt unter anderem auch Multiple Sklerose und systemischen Lupus erythematodes damit in Verbindung.

Nicht verheimlichen möchte ich Ihnen jedoch, dass es auch für die Ursachen der Genese von Multipler Sklerose viele Theorien gibt, die von Slow-Virus-Infektion[14,] chemischen Belastungen und auch Darmdysbiosen ausgehen.

Neurologen der Universitätsklinik Ulm fanden zudem heraus, das das Blut von MS-Patienten eine um das Doppelte höhere Quecksilberbelastung aufwies. Eine gründliche Amalgamentfernung mit entsprechender Entgiftung ist in solchen Fällen unverzichtbar, denn gerade bei der MS zeigen sich immer wieder Rückbildungstendenzen, vorausgesetzt, es findet eine konsequente Ursachenbeseitigung statt.

---

14 Die MS ist eine Krankheit, bei der es aufgrund von Abbauprozessen der die Nerven umhüllenden Markscheiden zu unterschiedlichsten Ausfällen kommen kann. Ein multifaktorelles Geschehen mit den Einzelfaktoren Fehlernährung (u.a. Eiweißmast), chronischer Schadstoffbelastung (wie z. B. durch Quecksilber) und dadurch ausgelösten Darmfunktionsstörungen sollte immer berücksichtigt werden.

Naturheilkundler berichten über einen günstigen Einfluss, den psoralenhaltige Gemüsearten (Fenchel, Sellerie, Pastinken) und Heilkräuter (Ruta, Angelika) auf dieses Krankheitsbild ausüben.

Das vielfach zitierte „saure Milieu" ist mit Sicherheit ein ausschlaggebender Faktor für eine Vielzahl von Ernährungsstörungen zu betrachten und eine proteinlastige Fehlernährung trägt zur Erzeugung dieses Milieus bei.

Auch an dieser Stelle möchte ich noch einmal darauf hinweisen, dass langjährige Erfahrungen, die ich in der Zusammenarbeit mit unterschiedlichen Osteoporosepatienten sammeln konnte, die These von der eiweißüberschüssigen Ernährung, die zuerst eine latente Azidose provoziert, dann aber durch ständig erhöhte Eiweißzufuhr schulmedizinisch „therapiert" werden soll und den Knochenschwund so erst manifestiert, erhärten.

Neben Zucker, Weißmehl, Kaffee und den übrigen schädigenden Faktoren (zu denen selbstverständlich auch Bewegungsmangel gehört) ist es gerade das tierische Eiweiß, das eine metabolische Azidose erzeugt und somit eine schädigende Wirkung auf den Knochenaufbau ausübt. Durch den Phosphorüberschuss im Blut werden körpereigene Regulationsmechanismen in Gang gesetzt, die dem Knochen Kalk entziehen. Das Gleichgewicht zwischen Phosphor und Kalzium ist dann zwar kurzfristig wieder hergestellt, durch die fortlaufende Fehlernährung aber sofort wieder aufgehoben.

Ein Indikator für das Vorliegen einer Eiweißspeicherstörung ist laut Professor Wendt eine deutlich tast- und sichtbare Gewebeansammlung im Nackenbereich, die man vielleicht am ehesten als „Nackenspeck" interpretieren würde. Hierbei handelt es sich aber um abgelagertes Eiweiß, das an dieser Stelle nicht den geringsten Nutzen für den Körper hat.

Auffällig ist bei dieser Lokalisation auch die besondere Hartnäckigkeit, mit der sich das Eiweiß behauptet, auch längere Zeit nach einer Umstellung der Ernährung und etlichen „gepurzelten" Kilos hält es sich an dieser Stelle hartnäckig.

Wenn wir gewöhnlich beim Wort „Verdauung" zuerst an den Magen denken, so ist das nur teilweise richtig, da er nur eine Station innerhalb dieses Funktionskreislaufes darstellt.

Die Verdauung beginnt bereits im Mund und wird größtenteils vom Dünndarm übernommen.

Jedoch fällt dem Magen ein nicht unwesentlicher Teilaspekt zu: die Eiweißverdauung. Diese können Sie positiv beeinflussen, wenn Sie Eiweißverdauungsenzyme, wie beispielsweise Papain, das dem Pepsin und Trypsin verwandt ist, einnehmen. Reich an natürlichem Papain ist die Papaya, die man – auch bei einer generellen Bevorzugung von Obst der Region – öfter in den Speiseplan miteinbeziehen sollte. So berichtet eine amerikanische Studie aus dem Jahre 1992 über einen an

Lungenkrebs erkrankten Mann, Frank Sheldon, der eine Abkochung von Papayablättern zwei Stunden ziehen ließ und dann trank (3 x täglich 200 ml). Er genas nicht nur; er heilte später auch andere Krebspatienten (Naturheilkunde 2/98). Auch die Fruchtschalen sollen mit den Blättern identische Bestandteile aufweisen.

Von sich reden machte vor einigen Jahren die sogenannte Ornish-Diät, eine nach dem damit therapierenden Arzt benannte Ernährungsform, die nachweisliche Erfolge erzielte.

Dr. Ornish, ein kalifornischer Kardiologe, propagierte dabei einen relativ weitreichenden Milchverzicht, gestattet wurde lediglich fettarmer Joghurt und generell fettreduzierte Kost.

Interessant war seine Kombination von unterschiedlichen Hülsenfrüchten innerhalb einer Mahlzeit (Erbsen, Bohnen, Linsen) – die zugrundeliegende Theorie besagt, dass hierbei besonders hochwertige Eiweiße miteinander kombiniert werden. Die Ergebnisse der Testreihe waren eindrucksvoll, so erkrankten nicht nur deutlich weniger der mit „Ornish-Diät" ernährten Patienten an Reinfarkten als in der Kontrollgruppe, die Rekonvaleszenz gestaltete sich auch schneller und unproblematischer als bei den nach herkömmlichen Therapieempfehlungen behandelten Patienten. Allerdings gestattete Dr. Ornish den „Genuss" von Eiweiß in roher Form, was meiner Meinung nach nicht nur verzichtbar wäre, sondern auch negative Effekte zeitigen könnte.

Zum Thema Eiweiß als Allergie auslösender Faktor sei auch noch angemerkt, dass

Impfungen nach wie vor als ein Verbreitungsmechanismus gelten. Zellböden, auf denen Viren gezüchtet werden, enthalten meist tierische Eiweiße, die dann als Allergieauslöser wirken. Dr. Thomas Rifers provozierte im Affenversuch Hirnhautentzündungen als allergische Reaktion auf Fremdeiweiß (Rifers, 1935).

Ohne die Diskussion um das Für und Wider von Impfungen an dieser Stelle austragen zu wollen, möchte ich doch zu bedenken geben, dass gerade Säuglinge und Kleinkinder mit ihrem noch nicht vollständig ausgereiften Nervensystem von sogenannten minimalen Hirnschäden infolge allergischer Reaktion betroffen sind.

H. Coulter führt auch Autismus auf minimale Hirnschäden zurück und Dr. Gerhard Buchwald, der ärztliche Berater des Schutzverbandes für Impfgeschädigte, sieht einen Zusammenhang zwischen Heuschnupfen, Neurodermitis, Hyperaktivität, plötzlichem Kindstod und Krebs einerseits und Impfschäden andererseits.

Fazit: Ohne Allergietest sollte man keine Impfung vornehmen lassen, was bei nachgewiesenen Allergien natürlich auch gilt.

Ein Krankheitsbild, das ebenfalls in den letzten Jahrzehnten stark zugenommen hat und Sie vermutlich eher an Umweltverschmutzung und eventuell an psychische Faktoren denken lässt als an falsche Ernährung, ist Asthma bronchiale. Gerade

Asthma[15] jedoch lässt sich zumindest teilweise durch die Vermeidung von Eiweiß therapieren. Da die Eiweiße von allen Nahrungsstoffen am ehesten Allergien auslösen, sollte ihre Zufuhr beim Asthmatiker weitestgehend eingeschränkt werden. Auch Geflügel und Yoghurt sollten hier die Ausnahme bilden. Vor Fleischwaren und Milcherzeugnissen sei jedoch gewarnt, da sie sehr leicht zu einer Übersäuerung führen und Verkrampfungen der Atemmuskulatur (das Leitsymptom asthmatischer Erkrankungen) herbeiführen können.

Da die Schleimhäute der Atemwege eng mit denen des Darmes zusammenhängen, kann auch eine Stuhlprobe Hinweise auf eine veränderte Keimbesiedelung, eine erhöhte Durchlässigkeit der Schleimhäute (Allergiebereitschaft) oder eine Überreaktion des Schleimhautabwehr-Systems, wie auch eventuell vorhandene Entzündungszeichen geben.

Sollte sich dabei zeigen, dass auch ein Pilzbefall vorliegt, muss selbstverständlich eine spezielle Diät verabfolgt werden, da Pilze immer Auswirkungen auf den Atemtrakt haben.

Einen tatsächlich erhöhten Eiweißbedarf haben jedoch Bettlägerige, besonders dann, wenn die Bettruhe über einen längeren Zeitraum eingehalten werden muss. Die energiereiche Ernährung für inaktive Menschen scheint ein Widerspruch in sich zu sein. Da gerade hier Gewicht eingebüßt wird, bedeutet das aber auch, dass besondere Schutzvorkehrungen getroffen werden müssen. Neben dem regelmäßigen Umlagern von pflegebedürftigen, Bettlägerigen gehört auch die Hautpflege und nicht zuletzt eine angepasste Ernährung zur Dekubitusprophylaxe. Der Dekubitus gilt als eine der gefürchteten Komplikationen in Pflegeeinrichtungen und auf den Chroniker-Stationen der Kliniken. Durch die veränderte Ernährungssituation der Haut sind offene Wunden meist nur sehr schwer zum Abheilen zu bringen.

Die normalgewichtigen Patienten zur Verfügung stehenden „Fettpolster" bieten einen gewissen Schutz gegen das Wundliegen.

Anders jedoch beim alten Menschen mit seiner dünner gewordenen Haut, die an Elastizität verliert und pergamentartig wird. Einige Medikamente (Kortison) verstärken diese Problematik zudem. Beim Liegen erhöht sich der Druck auf das Gewebe zumindest lokal, wodurch die Durchblutung sich zusätzlich verschlechtert. Am stärksten von Drucknekrosen sind die Fersen, das Sakrum (Kreuzbein), sowie in Seitlage die Hüftregion (Trochanter).

Auf die eiweißreiche Ernährung sollte man natürlich auch dann (und ganz besonders dann) nicht verzichten, wenn bereits ein Dekubitus aufgetreten ist. Studien bewiesen

---

15 Asthma bronchiale wird als spastische Verengung der Bronchialmuskulatur definiert, von der besonders die Ausatmung betroffen ist. Entzündliche oder allergische Reaktionen sind ursächlich für Schwellung und Verschleimung der Atemwege. Für den Erkrankten eine als besonders bedrohlich empfundene Situation, da durch die weniger in Mitleidenschaft gezogene Einatmung ein Gefühl der „Überblähung" entsteht. Mit diesem Gefühl der Luftnot gehen teilweise auch Hustenanfälle einher. Während des Asthmaanfalls kann es zu einer Unterversorgung mit Sauerstoff kommen (erkennbar an der bläulichen, d.h. zyanotischen Lippenverfärbung).

einen fast doppelt so hohen Bedarf an leicht bekömmlichem Eiweiß beim Patienten mit Druckgeschwür wie beim Gesunden. Dafür sanken die Nekrosefälle auf 5 % der Langzeit-Bettlägerigen, im Gegensatz zu 60% Dekubitushäufigkeit bei Patienten, die mit normaler Krankenhauskost ernährt wurden – eindrucksvolle Zahlen, wie ich meine. Auch hier versteht sich „leicht bekömmliches" Eiweiß als Eiweiß pflanzlicher Herkunft. Pflanzliches Eiweiß hat gegenüber dem tierischen den Vorteil der besseren Verwertbarkeit.

Eine noch nicht allzu lange auf dem Markt befindliche pflanzliche Eiweißquelle, die sich durch eine gute Bioverfügbarkeit u n d leicht Bekömmlichkeit auszeichnet ist Lopino, ein Konzentrat, das aus Weißlupinensamen hergestellt wird.

Hier finden wir wiederum den Vorteil eines natürlichen Eiweißlieferanten, mit einer ausgewogenen Zusammensetzung der Inhaltsstoffe (Eiweißbausteine, Spurenelemente, Vitamine - unter anderem Vitamin B 12).

Die Lupine, nicht umsonst als „Soja des Nordens" bezeichnet, vereint die Vorzüge anderer pflanzlicher Eiweißlieferanten mit einer besonders guten Verträglichkeit.

Da viele Hülsenfrüchte Erbsen, Linsen, Bohnen und auch das aus Bohnen gewonnene Soja schwer im Magen liegen, Blähungen provozieren und über den daraus resultierenden Zwerchfellhochstand auch Atemprobleme auslösen können, wird häufig auf minderwertiges, aber leichter verdauliches tierisches Eiweiß zurückgegriffen. „Lupinentofu" ist leicht bekömmlich, enthält kein Cholesterin, aber alle acht essentiellen Aminosäuren, Lecithin, Eisen und für die Blutbildung relevantes Vitamin B 12.

Ein häufiges „Argument" von Ärzten, die dem Vegetarismus ablehnend gegenüberstehen lautet: „Die Versorgung mit Vitamin B 12 stellt für Vegetarier ein Problem dar."[16]

Womit sich wieder einmal die Überlegenheit der vegetarischen Ernährung beweist. Die biologische Hochwertigkeit der Lupine war schon im Altertum bekannt, sie diente als natürlicher Dünger, indem sie auf zu kultivierenden Feldern angebaut und anschließend untergepflügt wurde.

Dadurch kam es zu einer Stickstoffanreicherung des Bodens, dem nun organische Substanzen zur Bildung von Humus zur Verfügung standen. Die Bodenfruchtbarkeit konnte wesentlich erhöht werden, auch wenn es sich um generell nährstoffarme oder bereits ausgelaugte Böden handelte.

---

16 ...und auch für andere Menschen, die sich dessen nicht bewusst sind, da der Bedarf nicht über die aufgenommene Nahrung gedeckt wird, sondern größere Mengen nur unter Zuhilfenahme verschiedener Kleinstlebewesen produziert werden. Das können Bakterien, Hefen, Schimmelpilze sowie Algen sein. Außer in Algen oder Gärungsprodukten (Sauerkraut) kommt aktives Vitamin B 12 nicht vor, es handelt sich sonst immer um inaktive Formen, die nur unter tätiger Mithilfe der Darmbakterien in aktive überführt werden können. Die Darmbakterien sind der Hauptlieferant von Vitamin B12 – was beweisen dürfte, wie wichtig eine funktionsfähige Darmflora für den menschlichen Organismus ist. Und welche Nahrungsmittel sorgen ihrerseits für eine intakte Darmflora? Richtig! Obst, Vollkorn, Salate...

Ihre Anspruchslosigkeit machte sie auch frühzeitig zum Forschungsprojekt; so wurde sie im Brandenburger Raum als Vorfrucht für den Getreideanbau genutzt. Die Indios der Hochlandregionen schätzten ihre besonders ausgeprägte Fähigkeit, Stickstoff zu binden und umzuwandeln und bauten sie noch vor einer Kartoffel-Gerste Fruchtfolge an, um die nachfolgenden Pflanzen von den zurückgebliebenen Nährstoffen profitieren zu lassen. Dabei scheiden ihre Wurzeln Stoffwechselprodukte aus, die dazu beitragen, besonders schwer zu erschließende Mineralstoffe zu mobilisieren.

Im Gegensatz zu vielen, prinzipiell hochwertigen Hülsenfrüchten, die aufgrund ihres hohen Puringehaltes nicht von allen genutzt werden können – was leider auch auf die Sojabohne zutrifft – ist die Süßlupine purinfrei!

Der Nährwert ihres Lopino genannten Verarbeitungsproduktes übertrifft den von Tofu und etwas geringerem Wasser- und Fettgehalt, schneidet Lopino auch hinsichtlich des Vitamin und Mineralgehaltes besser ab.

Das in Sojabohnen enthaltene Phytin besitzt die Fähigkeit, zweiwertiges Eisen und Zink zu binden. Letzteres könnte bei der Entwicklung von Diabetes mellitus bei der nachfolgenden Generation eine Rolle spielen, da häufig ein Zinkmangel bei den Müttern diabetischer Kinder nachgewiesen wurde.

Ein weiterer Vorteil gegenüber der Soja besteht darin, dass die Süßlupine geröstet werden kann, wodurch sich ein magenfreundlicher, reizarmer Kaffee erzeugen lässt, der nicht nur kein Koffein, sondern auch kein Gluten enthält. Gerade letzteres macht ihn interessant für Menschen mit Zöliakie oder Sprue, die gewöhnlichen Getreidekaffee nicht vertragen.

Ja selbst der häufig gestellten Forderung nach einer Bevorzugung einheimischer Erzeugnisse, die in ausgereiftem Zustand geerntet und nicht unter künstlichen Bedingungen zur Nachreife gebracht werden müssen, kann hiermit Rechnung getragen werden.

Zusammenfassung

Eiweiß ist ein wichtiger Bestandteil lebender Organismen und dient als Gerüst- oder Stützeiweiß in den Geweben (Kollagen, Keratin). Wir finden Eiweiße in Enzymen und Hormonen, aber auch als Struktur-, Plasma- oder Transportproteine. Ferner in Antikörpern,

Blutgerinnungsfaktoren und sogenannten Alloantigenen, zu denen auch die Antigene der Blutgruppen gehören.

Leber, Milz und Muskulatur enthalten Reserveeiweiße, die beim Fasten zur Energiegewinnung und Aufrechterhaltung der Vitalfunktionen genutzt werden.

Wer eine vitalstoffreiche Vollwertkost mit einem hohen Rohkostanteil zu sich nimmt, benötigt zur Deckung des täglichen Eiweißbedarfes weder Fisch noch Fleisch oder sonstige tierische Produkte.

Grundsätzlich kann man davon ausgehen, dass die Empfehlungen der

Ernährungswissenschaftler bezüglich der täglich aufzunehmenden Mindestmenge an Eiweiß viel zu hoch angesetzt sind.

Zu den acht essenziellen Aminosäuren gehören:

1. Isoleucin zeigt eine Affinität zum Drüsensystem, speziell Thymus und Hypophyse, aber auch Milz – reguliert den Stoffwechsel und ist an der Bildung des Hämoglobins beteiligt (enthalten in Avocados, Papayas, Sonnenblumenkernen, Kokos und anderen Nüssen).

2. Leucin balanciert die Isoleucin-Wirkungen aus und ist in den gleichen Lebensmitteln vorhanden.

3. Lysin ist ein wichtiger Enzymbestandteil, ein Faktor des Fettstoffwechsels und schützt die Zellen vor einem vorzeitigen Zerfall. Außerdem unterstützt es die Tätigkeit von Leber, Gallenblase, Epiphyse und Brustdrüsen. Anzutreffen ist Lysin in Äpfeln, Aprikosen, Trauben und Birnen, in Papayas, Roten Beeten, Karotten, Sellerie, Gurken und Alfalfa- sowie Sojasprossen.

4. Methionin hat neben seiner unterstützenden Wirkung auf die Bauchspeicheldrüse und die Milz einen besonderen Bezug zu den Lymphdrüsen. (Es ist im roten Blutfarbstoff und etlichen Körpergeweben enthalten - die Aufnahme über die Nahrung erfolgt über verschiedene Kohl- und Krautsorten, aber auch Äpfeln, Ananas und einigen Nüssen).

5. Phenylalanin baut Enzyme und Hormone mit auf und hilft beim Abbau ausscheidungspflichtiger Stoffe (Äpfel, Ananas, Tomaten, Karotten und Rote Beete enthalten diese essenziellen Aminosäure).

6. Threonin ist ein Enzymbaustein und Bestandteil phosphorhaltiger Eiweiße.

Es reguliert das Zusammenwirken unterschiedlicher Aminosäuren, neben grünblättrigem Gemüse und Alfalfasprossen, besitzen auch Karotten und Papayas Threonin.

7. **Tryptophan** ist beteiligt an der Bildung neuer Zellen und Körpergewebe und Bestandteil von Magen- und Pankreassekreten. Außerdem ist es wichtig für das Sehvermögen. Wir finden es in grünen Bohnen, Steckrüben, Roten Beeten und Sellerie, aber auch in Karotten und Alfalfasprossen.

8. **Valin** ist u.a. an für die Funktion von Brustdrüsen und Eierstöcken unerlässlich.
   Vorkommen: In Äpfeln, Granatäpfeln, Tomaten, Kürbissen, Okra, Sellerie und Karotten, Roten Beeten und Mandeln.

Nicht-essenzielle Aminosäuren von besonderer Bedeutung für die Aufrechterhaltung von Körperfunktionen sind: Alanin, Arginin, Asparginsäure, Cystein, Glutamionsäure, Glycin, Histidin, Hydroxyprolin, Ornitin, Prolin, Serin, und Tyrosin.

Auch bei einer Versorgung mit Eiweißen pflanzlicher Herkunft ist nicht nur die Gefahr der Unterversorgung mit Proteinen gegeben, sondern auch die des Proteinüberschusses und der damit verbundenen eiweißabhängigen Erkrankungen. Eine optimale Zusammensetzung ist zu bevorzugen, beispielsweise in Form von Lopino. Für die ausgewogene Zusammenstellung und Kombination unterschiedlicher Eiweißprodukte beachten Sie bitte auch den Literaturtipp zur modernen Trennkost nach Hirano-Curtet im Kapitel zum Thema Milch.

Als positiv für die menschliche Ernährung gelten neben den günstigen ernährungsphysiologischen Eigenschaften der Lupinenbohne eine herausragende physikalisch-chemische Charakteristika des Lupinenproteins und die als Nebenprodukt der Lopinoherstellung anfallenden Faserstoffe. Diese Okara genannte Fasermasse zeichnet sich nicht nur durch einen hohen Eiweißgehalt und Ballaststoffreichtum aus, sie besitzt auch eine natürliche, recht hohe Wasserbindungsfähigkeit. Dadurch lässt sie sich besser zu Teig und daraus bestehenden Produkten (Cerealien wie Müsli und Gebäckriegel) verarbeiten und es kann auf den Zusatz wasserbindender Substanzen nicht natürlicher Herkunft verzichtet werden.

Da es in Deutschland mindestens 25 Millionen Allergiker gibt – und das mit steigender Tendenz - lohnt es sich, jede Möglichkeit der Nutzung pflanzlichen Eiweißes genau zu überprüfen. Süßlupinenmilch wäre auch eine mögliche Variante der kuhmilchfreien Babyernährung.

Nahrungsmittelallergie und Nahrungsmittelunverträglichkeit sind zwei verschiedene Dinge:

Während eine allergische Reaktion unmittelbar auf den Verzehr der allergenen

Substanz erfolgt, nimmt die Unverträglichkeit einen eher schleichenden Verlauf.

Sie zu diagnostizieren ist somit ungleich schwieriger. In den meisten Fällen können sich die Betroffenen bei Einsetzen der Beschwerden (Schnupfen, Migräne, Reizbarkeit, Schlaflosigkeit, Verstopfung oder gar depressiven Verstimmungen), gar nicht mehr daran erinnern, was sie vor zwei Tagen gegessen haben.

Molkeneiweiß aus der Kuhmilch galt früher als kostengünstiges Tierfutter mit einer höchstens diätetischen Verwendbarkeit beim Menschen. Mittlerweile ist es zur billigen Eiweißquelle für die „Light"-Industrie, aber auch die Produzenten von Kindernahrung geworden. In letzter Zeit mehren sich die Stimmen, die davor warnen, dass ein massenhafter Einsatz der Industriemolke die Entstehung von Diabetes begünstigen könnte. Generell muss man sagen, dass versteckten Eiweißen mit äußerster Vorsicht begegnet werden sollte, wobei die Herkunft dieser Eiweiße (Molke, Sojalecithin, Eipulver) eine eher untergeordnete Rolle spielt.

Literaturhinweis:

Axel Meyer, Das große Lexikon der Vollwerternährung (Goldmann Verlag 1991)

Heinz Knieriemen, Lexikon Gentechnik Fooddesign Ernährung (AT Verlag, 2002)

Einen großen und praxistauglichen Rezeptteil finden Sie in:

D. Wirths/Prof. Dr. med. R. Liersch, Ohne Eier und Milch (GU-Ratgeber, Gräfe und Unzer GmbH, München, 1994)

Besondere Berücksichtigung finden hier Säuglinge und Kinder

Paul Bremer, Eiweißwunder Lupine (Fit fürs Leben-Verlag, 1999)

(P. Bremer, der vorwiegend als Dozent für Ernährungslehre tätig war, begann 1987verstärkt an der Gewinnung pflanzlicher Proteine zu arbeiten. Dabei entwickelte er ein patentiertes Herstellungsverfahren zur Gewinnung von Lopino.)

Prof. Dr. Lothar Wendt, Die Eiweißspeicherkrankheiten (Haug Verlag, Heidelberg, 1984)

Harris L. Coulter, Impfungen – der Großangriff auf Gehirn und Seele (Hirthammer Verlag,1997)

Dagny und Imre Kerner, Der Ruf der Rose (Verlag Kiepenheuer & Witsch. 1992)

Kontaktadressen:

Dt. Haut- und Allergiehilfe e.V. Fontanestr. 14, 53173 Bonn, Tel.: 0228/35109-1

Dt. Neurodermitiker Bund e.V. Mozartstr. 11, 22038 Hamburg, Tel.: 040/22057 57

Arbeitsgemeinschaft allergiekrankes Kind e.V. Hauptstr. 24, 35745 Herborn, Tel.: 02772/9287-0, Fax: 02772-9287-9, E-Mail: Koordination(at)aak.de

Verbraucherzentrale Berlin e.V., Hardenbergplatz 2, 10623 Berlin, 3. OG

(Beratung, laufende Produkttests, Bezug von Lebensmittelzutatenlisten...)

Bezug von spezieller Nahrung: siehe Kapitel Milch

Ernährungslüge Nr. 3: Ein erhöhter Cholesterinspiegel ist die Hauptursache für die Entstehung von Herzinfarkten -

Eine These, die vor allem die Erzeuger von cholesterinfreien (aber synthetischen) Streichfetten glücklich macht...

> „Die physiologisch einwandfreie Fettresorption im Darm kann nur dann funktionieren, wenn die Darmflora eine gesunde, gleichgewichtige Bakterienbesiedlung aufweist."
> Walter Binder: Naturheilkundliches Ernährungsbrevier

Cholesterin ist zum Inbegriff des „bösen" Fettes hochstilisiert worden. Jedoch: Auch die Entgleisung des Fettstoffwechsels lässt sich auf die hinlänglich bekannten Ursachen von Bewegungsmangel und Nahrungsüberangebot zurückführen.

Der Organismus verliert seine Fähigkeit, Glukose optimal zu nutzen, wodurch mehr Insulin im Blut zirkuliert. Der Fettstoffwechsel ist überfordert, die körpereigenen Fettdepots werden größer, da der Bedarf an Baufett und Fett als Wärmeregulator unverändert geblieben ist.

Lipide (Fette) lagern sich in den Gefäßen ab, es kommt in ganzen Organsystemen und dem arteriellen Gefäßsystem zur Bildung arteriosklerotischer Plaques.

Der Kraftaufwand, der benötigt wird, um das Blut durch die Gefäße fließen zu lassen, wird größer. Die Folge: Ein erhöhter Blutdruck. Sowohl Arteriosklerose als auch Hypertonie stellen Risikofaktoren für weitere Krankheiten dar. Die Gefahr der Thrombenbildung nimmt zu, ebenfalls die der Embolie. Mit der Gefahr des Gefäßverschlusses steigt die des Infarktes.

Damit ist nicht nur der sattsam bekannte Herzinfarkt gemeint, auch der „Schlaganfall" (Insult oder Apoplex) bezeichnet einen ähnlichen Entstehungsmechanismus bei anderer Lokalisation: dem Gehirn. Praktisch kann jedes Organ von dieser Problematik betroffen werden.

Als ursächlich kann man auch hier ein multifaktorelles Geschehen annehmen. Unter anderem ein Bindegewebe, das derartig mit Schadstoffen überlastet ist, dass es seinen Funktionen (als Filter) nicht mehr nachkommen kann. Hier wird ein auslösender Faktor für die Entstehung von Krankheiten des rheumatischen Formenkreises vermutet. Nicht vergessen sollte man hierbei die „klassischen" Stoffwechselstörungen, wie Gicht und Diabetes mit ihren vielfältigen Begleit- oder Folgeerkrankungen.

Nun wird selbstverständlich nicht jedes Gramm Fett eins zu eins in die entsprechende Giftmenge umgewandelt. Vielmehr haben wir hier einen schleichenden Prozess vor uns, bei dem die körpereigenen

Regulationsmechanismen schrittweise und nachhaltig überfordert werden. Der gesundheitsdienliche Aspekt der Bewegung ist dabei unbestritten und wird nutzen ihn, wenn wir nach einer Phase der üppigeren Mahlzeiten gerne unsere Joggingschuhe anziehen bzw. schwimmen, Rad fahren oder im Fitnessstudio mal wieder so richtig ins Schwitzen kommen.

Giftstoffe werden dabei über die Haut ausgeschieden und wenn man für den entsprechenden Elektrolytausgleich sorgt, lassen sich kleinere Ernährungssünden so schon ganz gut regulieren. Auch ist der Körper in der Lage, Giftstoffe erst einmal einzulagern.

Mittels Fastens, bei dem Wert auf die Entgiftung gelegt wird (und nicht der Verlust von einigen Kilogramm Körpergewicht im Vordergrund steht), kann man diese Depots öffnen und Körpergifte ausleiten.

Auch die Leberfunktion lässt sich stützen, indem man beispielsweise kurmäßig Bitterstoffe aufnimmt, Mariendisteltees trinkt und Leberwickel anlegt. Selbst die Bindegewebsverschlackung ist sowohl innerlich (mit Schachtelhalmtees) als auch äußerlich (mit Hilfe der Lymphdrainage oder mit entgiftenden Heilschlamm-Wickeln) positiv zu beeinflussen.

Leider ist jedoch einer dauerhaften Schädigung aufgrund falscher Ernährung nicht durch solche Maßnahmen beizukommen.

Nahrungsgifte greifen alle unserer hochspezialisierten körpereigenen Abwehrsysteme an und schädigen sie nachhaltig. Das gilt für das mononukleäre Phagozytensystem mit seiner Fähigkeit zur Antikörperbildung und Giftspeicherung ebenso, wie den Hypophysenvorderlappen-Nebennierenrinden-Mechanismus mit seiner Stimulation der Bindegewebsfunktion und seinen entzündungshemmenden oder –anregenden[17] Funktionen.

Auch das Bindegewebe seinerseits hat eine Fülle von Aufgaben inne, wozu Makrophagen und Lymphozytenabwehr ebenso zählen, wie die Bildung von Leukozyten – nicht zu vergessen – die wichtige Rolle bei der Antigen-Antikörper-Reaktion. Hier finden wir neben der humoralen also auch noch eine zelluläre Abwehrfunktion. Mit der humoralen Abwehr ist auch die Leber befasst, die neben der Giftspeicherung ja auch mit der Bindung von Säuren betraut ist. Als letztes System wäre noch die neurale Abwehr zu nennen, bei der die Nervenreflexe im Vordergrund stehen.

Tatsächlich verfügt unser Körper über unglaublich effiziente Verteidigungsstrategien. Unsere Aufgabe ist es jedoch, ihn mit den uns zur Verfügung stehenden Mitteln zu unterstützen. Schadstoffe werden neutralisiert und eine Selbstheilung in die Wege geleitet. Das geschieht durch Ausscheidungsvorgänge, zu denen auch schwitzen

---

17 Da eine Entzündung auch immer von einer Mehrdurchblutung (erkennbar an der erhöhten Temperatur) gekennzeichnet ist, spricht man hier von einer Heilrektion.

oder ein heftiger Schnupfen gehören können (oder Schuppenbildung bei der Milchallergie) aber auch durch entzündliche Reaktionen (weshalb Fieber nur in akut lebensbedrohlicher Höhe bekämpft werden sollte), wie z.B.: der Tonsillen[18] oder der Nieren. Erst dann kommt es zur Ablagerung in Form von Steinbildung in Organen oder sklerotischen Gefäßablagerungen. Wird der Organismus weiterhin den krankmachenden Faktoren ausgesetzt, kann der Schritt zur Selbstheilung nicht mehr vollzogen werden und die Zellschädigung setzt ein – ein Magengeschwür entsteht oder auch eine Herzmuskelschwäche. Diese kann sich im nächsten Stadium, dem der degenerativen Veränderung, bereits zum Herzinfarkt verschlimmert haben. Da wir es auf dieser Stufe meist nicht mehr mit Einzelerkrankungen zu tun haben, potenzieren sich die einzelnen Krankheitsbilder und schaffen auf der Grundlage eines nunmehr stark geschädigten Organismus Neoplasien.

Darunter versteht man Gewebsneubildung mit unelastischen bindegewebigen Ersatzfasern, die zu einem größeren Organ bei eingeschränkter Leistung führen. Aber auch vermehrte Zystenbildung und tumoröse Veränderungen bis hin zum Krebs können die Folge sein. Zu den häufiger auftretenden Zivilisationsleiden zählt auch die Fettleber (Steatosis hepatis), die die Grundlage der gefürchteten Leberzirrhose bildet. Auch sie entwickelt sich auf dem Boden eines Ungleichgewichtes, nämlich immer dann, wenn mehr Fette in die Leber gelangen (und dort gebildet werden), als abgebaut werden können. Die Ursachen sind, wie so häufig, vielschichtig und können in einem permanenten Nahrungsüberangebot und daraus resultierenden Fettstoffwechselstörungen, aber auch Diabetes oder Alkoholabusus zu finden sein. Mit fortschreitender Degeneration geht auch die Fähigkeit zur Eiweißsynthese verloren. Die Entgiftungsfunktion wird eingeschränkt und viele Patienten überleben die Diagnosestellung nur um wenige Jahre.

Auch hier gilt als oberstes Gebot (neben dem absoluten Alkoholverzicht) eine Umstellung der Ernährung in Richtung Vollwertkost. Statt Salz, das Wasser im Körper bindet und damit die vielleicht bereits vorhandene Ödemneigung noch unterstützt, sollten verstärkt Gewürze und frische Kräuter zum Einsatz kommen. Dass leicht bittere Gemüsesorten wie Artischocken, Chicorée oder Endivien ausgesprochen leberfreundlich wirken, ist seit langem bekannt.

Da Veterinäre fettleibigen Meerschweinchen zwar die Kraftfutterzufuhr einschränken, aber trotzdem die tägliche Löwenzahnration erhöhen, möchte ich nicht den Wert des Löwenzahns für die menschliche Ernährung unterschlagen. Türkische Gemüseläden führen meist spezielle Kulturformen, aber auch die wilden Formen sind nicht zu verachten, zumal Löwenzahn sich so starker Verbreitung erfreut, dass er nicht nur im Straßengraben gedeiht. Der Wurzel, im Herbst geerntet, wird besondere Heilwirkung zugesprochen. Aber auch sonst wäre es keinesfalls verkehrt, Wildkräuter stärker in unsere Ernährung zu integrieren. Mariendistel, als Tee genossen, dient der Leber als

---

18 Angina tonsillaris – die „Mandelentzündung" betrifft eine wichtige Station der körpereigenen Abwehr. Bei häufigauftretenden Anginen ist es wesentlich sinnvoller, das Immunsystem zu stärken, als die erste große Abwehrstation des Körpers zu eliminieren.

Schutz vor den unterschiedlichsten Giftstoffen und regt gleichzeitig den Leberzellstoffwechsel an.

Da Fett jedoch nicht gleich Fett ist, soll hier zunächst kurz eine Klärung der häufiger im Zusammenhang mit Fetten und ihrer spezifischen Problematik auftauchenden Begriffe erfolgen.

Nahrungsfette sind aus Fettsäuren und Glycerin aufgebaut. Fettsäuren ihrerseits sind organische Verbindungen die in zwei große Gruppen, die der gesättigten und der ungesättigten Fettsäuren, eingeteilt werden.

Hauptsächlich bestehen sie aus Kohlenstoff- und Wasserstoffmolekülen, die drei Ketten unterschiedlicher Länge (kurz, mittel, lang) bilden. Das wird ausgedrückt durch die chemische Bezeichnung Triglyceride. Sollten Sie auf den Begriff der Neutralfette stoßen, so ist damit das Gleiche gemeint.

Von der Länge dieser Ketten und ihrer chemischen Struktur hängen die Eigenschaften der Fette ab.

Die geläufige Unterteilung in „gute" und „schlechte" Fette bezieht sich ausschließlich auf ihre chemische Struktur. Während bei den „schlechten", sprich: gesättigten Fettsäuren, an ein Kohlenstoffatom jeweils zwei Wasserstoffatome gebunden sind, verfügen „gute", also: ungesättigte Fettsäuren über Kohlenstoff-Doppelbindungen. Aufgrund dieser Eigenheit fehlt mitunter das zweite Wasserstoff-Atom an manchen Stellen innerhalb eines Moleküls.

Obwohl der menschliche Körper durchaus in der Lage ist, Fettsäuren selbst zu produzieren, gibt es einige, auf die das nicht zutrifft. Diese sind lebensnotwendig (essenziell) und müssen über die Nahrung aufgenommen werden. Von den insgesamt 22 essenziellen Fettsäuren sind die Linol- und die Linolen-Säure die bekanntesten. Für die menschliche Ernährung – die essenziellen Fettsäuren regulieren den Fettstoffwechsel – reichen 6 Gramm täglich aus.

Mangel an Linolsäure ist die Ursache für zahlreiche Hautfunktionsstörungen. Beträgt der Rohkostanteil einer möglichst abwechslungsreichen Vollwertkost mindestens ein Drittel, erhält der Körper alle Vitalstoffe in ausreichender Menge, auch Linolsäure.

Ungesättigte Fettsäuren sind generell langkettig und zudem Träger der fettlöslichen Vitamine A, D, E und K. Ohne Fette könnten diese Vitamine nicht aus dem Darm aufgenommen und verwertet werden.

Sogar die vom Körper selbst erzeugten, jedoch gesättigten Fettsäuren erfüllen

lebenswichtige Funktionen innerhalb des Organismus.

So dienen sie als Baufette, die uns unsere Gestalt verleihen, sichern innere Organe vor Druck- und Stoßeinwirkung, sind für die Wärmeerzeugung notwendig und stellen den Vorrat an Energie, der zur Glukoseerzeugung benötigt wird.

Während Pflanzen ausschließlich Fett erzeugen, indem sie Kohlenhydrate umwandeln, stehen Mensch und Tier noch eine weitere Möglichkeit zur Verfügung: Die der direkten Fettaufnahme über die Nahrung. Ihre Nutzbarmachung beginnt mit der Aufspaltung mittels verschiedener Enzyme, sowie Galle. Ihre Verdauung beginnt nicht bereits im Mund, sondern erst im Magen, wo Fettemulsionen durch Lipase gespalten werden. Die eigentliche Arbeit obliegt dem Zwölffingerdarm, der in mehreren Arbeitschritten mittels Gallensaft und wiederum dem Pankreassekret Lipase Fettsäuren und Glyceride erzeugt. Von hier aus gelangen die größeren Moleküle über die semipermeable Darmwand in die Lymphe und ins Blut, die kleineren über den Pfortaderkreislauf zur Leber.

Die nicht wasserlöslichen Fette müssen, um transportfähig zu sein, an Eiweiße (Proteine) gebunden werden, wodurch die Lipoproteine entstehen. Dieser Prozess erfolgt unter einer erheblichen Energieaufwendung seitens unseres Körpers.

Sind die Lipoproteine zur Leber gelangt, werden sie dort erneut aufgespalten, und zwar in Glycerin und Fettsäuren und in weiteren Schritten zur aktivierten Essigsäure umgewandelt.

Die eigentliche Energielieferung (bis jetzt handelte es sich ja um energie-aufwändige

Verarbeitungsschritte) beginnt nun im Kohlensäurezyklus, ähnlich wie bei der Verarbeitung von Kohlenhydraten.

Bedarfsgerecht werden die Fettsäuren unter Einwirkung von Sauerstoff zu Fruktose und Glukose umgewandelt. Der Begriff der „Glykolyse" beschreibt einen weiteren Abbauschritt zur Benztraubensäure. Durch enzymatische Stoffübertragung können die Fettsäuren für den Aufbau körpereigener Eiweiße genutzt werden. Auf dem oxydativen Weg können die Fettsäuren aber auch den gleichen Abbauprozess erfahren wie Kohlenhydrate.

Die Mischung von Fettsäuren unterscheidet Öle von Fetten.

Butter und Kokosfett weisen kurz- und mittelkettige Fettsäuren auf, langkettige Fettsäuren finden sich hingegen in zahlreichen pflanzlichen Ölen. Mehrfach ungesättigte Fettsäuren (wie Linol- und Linolensäure) gelten als besonders wertvoll für die menschliche Ernährung.

Nach Distelöl weist das gute alte Sonnenblumenöl den höchsten prozentualen Anteil an Linolsäure auf. Olivenöl rangiert auf den hinteren Plätzen, nach Walnuss-, Soja-, Traubenkern-, Mais- oder Weizenkeimöl, aber auch Lein-, Sesam- und Rapsöl.

Dafür wird der Gehalt an Ölsäure, die ebenfalls zu den ungesättigten Fettsäuren gehört, nur noch vom Haselnussöl übertroffen. Von allen genannten Ölen weisen nur Raps-, Senf-, Soja-, Traubenkern- und Walnussöl nennenswerte Mengen von Linolensäure auf. Bei Leinöl ist dieser Anteil sogar recht hoch und beim Sonnenblumenöl immerhin noch in Spuren vorhanden.

Entscheidend für die Hochwertigkeit des Öls ist jedoch der Linolsäuregehalt. Je höher der Prozentsatz an Linolsäure ist, desto stärker ungesättigt ist die ganze Substanz. Linolsäure macht stets die größte Menge an a l l e n ungesättigten Substanzen aus.

Selbstverständlich sollte es sich auch um hochwertiges, d.h. kaltgepresstes, unraffiniertes Öl handeln, da wir auch hier das Problem der schwindenden Qualität bei stärkerer industrieller Aufbereitung beobachten können. Im Falle der Öle handelt es sich um erhitzen und hydrogenisieren, was bedeutet, das Wasserstoff (Hydrogen) durch sie hindurch geleitet wird.

Dadurch wird zum einen verhindert, das sie schnell ranzig werden aber auch dann, wenn eine verfestigende Wirkung angestrebt ist – wie bei der Margarineherstellung - ist dieser Prozess unerlässlich. Die hohen Temperaturen, denen sie bei dieser Behandlung ausgesetzt sind, zerstören zahlreiche Aminosäuren, Lezithin sowie Vitamin E. Außerdem erhalten die Öle auch chemische Zusätze.

Mehrfach ungesättigten Fettsäuren wird hingegen eine cholesterinsenkende Wirkung zugesprochen.

Gesättigte Fettsäuren wirken sich nachteilig auf den Cholesterinspiegel aus und haben somit auch ihren Anteil an der Entstehung arterieller Erkrankungen.

Hydrogenisierte Öle wirken ähnlich negativ auf den Cholesterinspiegel wie tierische Fette. Öl, das frisch und unbehandelt ist, wird unter der Bezeichnung „nativ" geführt und ist allen anderen Ölen vorzuziehen. Auch „kaltgepresst" ist in gewisser Weise ein Etikettenschwindel, da die Erwärmung bis zu einem gewissen Grad erlaubt ist. Einige Nährstoffe gehen dabei verloren. Positiv ist jedoch, dass die kaltgepressten Öle keinerlei chemische Zusätze enthalten dürfen – also bitte kühl lagern, um das Ranzigwerden zu vermeiden.

Zu den verstärkt auf den Markt drängenden „Fettersatzstoffen" wäre zunächst anzumerken, dass hier der Versuch unternommen wurde, ein weitestgehend kalorienfreies Produkt zu erschaffen, das vom Geschmack und seiner Konsistenz her wie Fett wahrgenommen wird. Fett ist bekanntermaßen auch Geschmacksträger; gelänge es, diese Eigenschaft mit einer niedrigen Energiezufuhr zu koppeln, so wäre das in der Tat eine kleine Sensation.

Möchte man zumindest meinen. Auch hier gilt es aber, sich von den gewohnten Denkvorgaben der Nahrungsmittelindustrie zu verabschieden. Denn auch wenn immer noch das Gegenteil behauptet wird, ist es nicht vordergründig eine zu hohe Kalorienzufuhr, die für die Entstehung von Stoffwechsel- und Ernährungsstörungen sorgt.

So bewies der bereits zitierte Dr. Bruker in einem Experiment mit übergewichtigen Patienten, dass die kalorienzählende Gruppe, die keine Ernährungsumstellung vorgenommen hatte, nicht oder nur unwesentlich abnahm, während bei der hochkalorisch eingestellten Kontrollgruppe die Pfunde nur so purzelten. Wie konnte das geschehen? Die Erklärung ist sehr einfach. Die „Kalorienbewussten" blieben mit der ihnen zugestandenen Kalorienzahl noch unter der Grenze dessen, was normalerweise für die Aufrechterhaltung und langsame Senkung des Körpergewichtes anempfohlen wird, sie verspürten mit Sicherheit nicht viel Befriedigung beim Essen und standen unter enormen Erfolgszwang. Diejenigen, die eine überhöhte Kalorienzufuhr betrieben, erhielten diese über – unbehandelte, naturbelassene Nahrung, was ihre Geschmacksnerven wahrscheinlich wesentlich mehr befriedigte. Trotzdem nahmen sie ab – die Welt ist schon ungerecht! Eine besondere Bedeutung bei der Entstehung von Fettstoffwechselstörungen wird gehärteten Fetten zugesprochen. Werden pflanzliche Öle gehärtet, verändert sich durch die Hitzeeinwirkung, der sie ausgesetzt sind, die molekulare Struktur der Fettsäuren.

Positive Effekte für den menschlichen Stoffwechsel gehen dabei verloren.

Dieses Problem finden wir bei allen raffinierten Fetten und Ölen und besonders auch bei vielen weiterverarbeiteten Produkten.

Als problematisch für den Menschen erweisen sich auch hier wieder labortechnisch gefertigte Erzeugnisse, die als „Fettersatz" für eine breite Akzeptanz innerhalb der ernährungsbewussten Klientel sorgen sollen.

Diese Fettersatzstoffe können auf Kohlenhydratbasis (Stärke oder Zellulose) entstanden sein, oder auch auf der Grundlage von Eiweiß (Markenname: „Simplesse" – Hühnereiweiß, Magermilch). Besonders im letzteren Fall werden wir also auch noch mit potentiellen Allergieauslösern konfrontiert.

Das in den USA stark nachgefragte „Olestra" basiert auf Rohrzucker in Kombination mit unterschiedlichen Fettsäuren.

„Olestra", ein sogenannter Zuckerpolyester, darf im europäischen Raum jedoch nicht vertrieben werden, weil einige gesundheitliche Bedenken bestehen. Dieses Produkt trägt dazu bei, dass die Aufnahme fettlöslicher Vitamine behindert wird.

Da nicht nur der menschliche Organismus, sondern auch die Natur mit dem Abbau dieses Fettersatzstoffes überfordert ist, gehört es eigentlich als „Sondermüll" deklariert und dementsprechend entsorgt.

Lassen Sie mich noch kurz das leidige Thema Cholesterin etwas näher ausführen.

Cholesterin wurde besonders im letzten Jahrzehnt zum Feind der Volksgesundheit Nr. 1 erklärt, wobei leider nur allzu häufig übersehen wird, dass die sogenannte sekundäre Hyperlipoproteinämie, wie der Name schon sagt „sekundär" ist, also kein eigenständiges Krankheitsbild, sondern eines, das aufgrund vielfältiger Fehlentwicklungen entstanden ist.

Die (zu) fettreiche Ernährung in Tateinheit mit einer zunehmend sitzenden

Arbeitsweise, Bewegungsmangel in der Freizeit, eventuell schon vorhandenes Übergewicht und Missbrauch von Genussmitteln bilden die Grundlage dieser Stoffwechselentgleisung, wobei allein schon ein höheres Lebensalter meist einen etwas erhöhten Cholesterinspiegel mit sich führt.

Das Ansteigen der Blutfette nach jeder fetthaltigen Mahlzeit ist durchaus physiologisch, da sie als „Energielieferanten" dienen. Durch ihre Anbindung an die im Blut enthaltenen Eiweißmoleküle, werden sie zu Lipoproteinen. Diese enthalten Fett in unterschiedlicher Zusammensetzung. Ein hoher Cholesterinanteil in diesen Molekülen gilt als gefäßschädigend, besonders dann, wenn die Blutfettwerte gar nicht mehr absinken, sondern dauerhaft erhöht sind. Bei einem permanent zu hohen Cholesterinangebot sind die spezifischen Speicherzellen überfordert und sterben ab, wodurch Cholesterin freigesetzt wird. Da es zur Kristallisierung tendiert, kommt es zu einem ständigen mechanischen Reiz an den glatten Gefäßinnenwänden, sie werden rauer und es kommt zur Molekülanlagerung mit nachfolgender Einengung des Gefäßdurchmessers. Der Druck, der nötig ist, um die gleichbleibende Blutmenge durch verengte Transportwege zu befördern, muss zwangsläufig steigen und etliche Organsysteme sind plötzlich mit „Mehrarbeit" gestraft.

Neben den wichtigsten Organen, die im Falle der anhaltenden Minderversorgung mit einem Infarkt reagieren können, sind es ganz besonders die Beinarterien, die im Falle ihrer Schädigung mit einem besonders schweren Krankheitsbild aufwarten:

Der peripheren arteriellen Verschlusskrankheit (paVk). Ihr Hauptkennzeichen, die Unmöglichkeit, eine längere Gehstrecke schmerzfrei zu bewältigen, führte zur volksmundlichen Bezeichnung, der „Schaufensterkrankheit". Dabei wird von den Betroffenen ein häufiger Stopp als Schaufensterbummel getarnt. Eine besonders gefürchtete Komplikation ist der Gewebstod infolge Mangelernährung, das Gangrän, bei dem u.U. eine Amputation unausweichlich wird.

Bereits vorhandene Stoffwechselstörungen wie Diabetes mellitus erhöhen dieses Risiko.

Natürlich bedeutet das nicht, dass ein genereller Verzicht auf cholesterinhaltige Nahrungsmittel die einzige Überlebensstrategie für gesunde Menschen und solche, die es bleiben wollen, ist.

Cholesterin findet sich in tierischen Fetten, besonders den Innereien. Auch Wurstwaren sind unter diesem Gesichtspunkt mit Vorsicht zu genießen, besonders dann, wenn es sich um extrem weiche Sorten mit guter Streichfähigkeit handelt, da der Fettanteil (Schweinefett) hier sehr hoch ist. Ein direkter Zusammenhang zwischen dem Fettgehalt des Fleisches und seinem Cholesteringehalt wurde bislang jedoch nicht nachgewiesen. Andererseits ist das Cholesterin ein unverzichtbarer Bestandteil der Geschlechtshormone, der Steroide und aller Zellmembranen. Cholesterin benötigt unser Körper um Vitamin D zu produzieren und – so seltsam es auch klingen mag, auch für die Synthese der Gallensäuren, die ihrerseits wieder zur Ausscheidung überflüssigen Cholesterins beitragen.

Unterschieden wird das Gesamtcholesterin noch in High-Density-Lipoprotein und Low- Density-Lipoprotein, wobei HDL umgangssprachlich als das „gute Cholesterin" aufgefasst wird.

Einen besonders interessanten Aspekt der Cholesterinthematik deckt der Sachbuchautor und Altersforscher, Johannes von Buttlar, auf. In „Die Methusalemformel" versucht er Verbindungen zwischen bestimmten genetischen Dispositionen sowie familiär tradierten Ernährungsgewohnheiten und Langlebigkeit aufzuzeigen. Er verweist dabei auf die Amerikanerin Helen Boley, deren Erbanlagen das Erreichen eines hohen Alters vermuten lassen. Von Buttlar spricht von dem „Methusalem-Gen". Bei einer Untersuchung dieser Frau durch Laboranten einer Universitätsklinik in Kansas stießen diese auf Blutfettwerte, die in hohem Maße von der Norm abwichen. Während ein normaler HDL-Wert bei 40 mg angesiedelt wird, betrug der von Frau Boley 200 mg pro 100 Kubikzentimeter Blutplasma und war somit fünfmal höher als gewöhnlich.

Der LDL-Spiegel wird im Normbereich auf 150 mg angesetzt. Der Helen Boleys lag bei 80 mg und war somit deutlich geringer. Ihr Organismus produziert HDL dreimal so schnell wie der der meisten anderen Menschen. Eine genetisch bedingte Fähigkeit, die der Verklumpung des Blutes und dem Herzinfarkt entgegenwirkt.

Auch in Bezug auf das Cholesterin kann man behaupten, dass eine am Absatz von „light"- Produkten interessierte Industrie versucht, natürliche Produkte wie Butter und Eier mit dem Stigma des „Infarktauslösers" zu versehen, um so neue Absatzmärkte für minderwertige Produkte zu gewinnen. Etliche Studien belegen, dass ein (zu) hoher Cholesterinspiegel keinesfalls als alleiniger Faktor für die Entstehung sklerotischer Herzkranzgefäße anzusehen ist.

Dass unsere Nahrung ballaststoffreich, aber cholesterinarm sein sollte, versteht sich von selbst. Sollten Sie dennoch den Wunsch haben oder die Notwendigkeit verspüren, Ihren Cholesterinspiegel ohne den Einsatz von (nicht unproblematischen) Medikamenten abzusenken, versuchen Sie einmal eine Walnuss-Kur.

Walnüssen wird nachgesagt, dass sie eine ausgesprochen positive Wirkung auf zuviel Cholesterin im Blut ausüben. Bei dem täglichen Verzehr von zehn Walnüssen sollen bereits cholesterinsenkende Effekte zu verzeichnen sein. Auch andere Nahrungsmittel mit einem ähnlichen Wirkspektrum stellt uns die Natur zur Verfügung. So erprobten japanische Forscher die Wirkung von Shiitake-Pilzen an Testpersonen, die eine Gewichtsabnahme erzielen wollten. Ein positiver Nebeneffekt war eine Senkung des Cholesterinspiegels im Blutserum um 12% bei einer Einnahme von 90 Gramm Shiitake täglich.

Die Einnahme von 40 – 100 Gramm Haferkleie am Tag kann den Gesamtcholesterin-spiegel (und besonders den LDL-Wert) um 10% senken, da die im Magen quellenden Ballaststoffe die Nahrungs- und besonders die Fettaufnahme einschränken. Darüber hinaus wird die Lipase gehemmt, ein Bauchspeicheldrüsen-Verdauungsenzym, welches die Fette erst verwertbar macht. Da Haferkleie einen hohen Anteil wasserlöslicher Faserstoffe enthält, binden diese cholesterinhaltige Gallensäuren im Darm und führen sie der Ausscheidung zu.

Geschieht das nicht, werden sie vom Körper wieder verwertet. Da unser Organismus natürlich trotzdem Gallensäuren benötigt, mobilisiert er zu deren Herstellung das im Blut enthaltene Cholesterin. Auf diese Weise ist es möglich, eine natürliche Absenkung der Blutfettwerte zu erreichen. Was auch noch den Vorteil hat, dass körpereigene Regulationsmechanismen wieder in Gang gesetzt werden – ein Effekt, den Sie mit der Einnahme von Medikamenten niemals erzielen werden.

Dr. med. Volker Schmiedel empfiehlt zudem die tägliche Einnahme von 1- 3 Gramm Vitamin C, 400 IE Vitamin E, 20 Milligramm Betakarotin und 10 Mikrogramm Selen.

(Naturarzt 7/2004) Sollten Sie diese Mengen über die gewohnte Nahrung aufnehmen können – umso besser!

Nicht vergessen sollte man jedoch, dass auch Stress ein krankmachender Faktor ist, der dazu beiträgt, die Blutfettwerte zu erhöhen. Von der Nebennierenrinde wird unter starker Anspannung verstärkt das Stresshormon Cortisol ausgeschüttet. Blutfette gelten als das „Bindeglied" zwischen seelischer Belastung und koronaren Erkrankungen.

Sicher ist Ihnen schon mehrfach aufgefallen, dass alle Jahre wieder ein neues „Wundermittel" auf dem heiß umkämpften Gesundheitsmarkt erscheint und die Lösung sämtlicher Probleme (zumindest der medizinischen) verspricht.

Vor einigen Jahren erfüllte diese Funktion die Omega-3-Fettsäure. Und die Produktwerbung lautete wie folgt:

Durch die Einnahme von Omega-3-Fettsäure (enthalten in den öligen Anteilen der Kaltwasserfische, wird die Gefahr einer Thrombose verringert, die Fließgeschwindigkeit des

Blutes verbessert und zudem der Lipidspiegel des Blutes deutlich gesenkt.

Ähnliche Effekte lassen sich jedoch auch mittels Zufuhr kleiner Cholesterinmengen erzielen.

In geringeren Mengen enthält übrigens auch Portulak[19] Omega-3-Fettsäuren, allerdings kein Cholesterin. Grundsätzlich muss man dazu anmerken, dass statt Omega-3-Fettsäure auch der Begriff Linolensäure verwendet werden kann und Omega-6-Fettsäure mit der guten alten Linolsäure identisch ist. Es handelt sich lediglich um eine werbewirksame Übernahme der USamerikanischen Klassifizierung.

---

[19] Portulak ist eine, nicht mehr sehr häufig in Gebrauch befindliche, Gemüse- und Würzpflanze.

Ein Wort noch zur Butter, die neben dem Genuss von Eiern (besonders dem Eigelb) lange Zeit als Cholesterintreiber par excellence bezeichnet wurde: Dass sie in Maßen genossen werden sollte, steht außer Frage, schließlich handelt es sich um ein Streichmittel und keine Beilage.

Auch hier lohnt sich allerdings eine kritische Hinterfragung der Verbrauchergewohnheiten und ihrer geschickten Manipulation durch eine ausgefeilte Werbemaschinerie.

Margarine haftete, wie fast allen Ersatzstoffen, lange Zeit das Image der Minderwertigkeit an. Sie galt als kostengünstiges Streich- und Bratfett für all diejenigen, die sich Butter nicht oder nicht an allen Tagen, leisten können. Durch die Überbewertung von durch die Nahrung ausgelösten hohen Blutfettwerten (was ja nur teilweise zutrifft) gelang es jedoch, einen radikalen Imagewandel zu erzielen.

Erst verabschiedete man sich von den gehärteten Pflanzenfetten auf der Inhaltsangabe, dann fügte man Vitamine und sonstige, als gesund bekannte Bestandteile hinzu – und fertig war das Trendprodukt! Butter war auf einmal der Aufstrich der „Ewig-Gestrigen".

Wer sich mit der Herstellung von Margarine einmal näher beschäftigen möchte, dem sei die aufschlussreiche Grafik in Axel Meyers „Lexikon der Vollwerternährung" zur eingehen- den Betrachtung empfohlen. Es lohnt sich! Für alle, die sich diese Mühe sparen möchten, nur soviel: Bevor aus Fett Margarine wird, durchläuft es neben den selbstverständlichen Verarbeitungsschritten wie Extraktion und Raffination viele Prozesse, die mit der Vorsilbe „ent-" beginnen. Entlecithinisierung, Entschleimung und Entsäuerung gehören ebenso dazu wie Entfärbung, Desodorierung (ja ja!) Modifikation, Härtung, Fraktionierung, Umesterung und Rekombination.

Auch hier treibt die industrielle Fertigung mitunter recht merkwürdige Blüten. So bewarb sie mittelkettige Triglyzeride (MCT) als geeignet zum Fettabbau, was dazu beitrug, das ein wahrer Run auf diese im Labor entstandenen Präparate einsetzte. Darüber hinaus darf man nicht übersehen, dass Kokos- und Palmkernfett, die natürlichen Träger mittelkettiger Triglyzeride, nicht zu den wertvollsten Fettlieferanten zählen.

Es gibt meiner Meinung nach sehr wenig Gründe, die dafür sprechen, ein Produkt künstlich zu erzeugen, dessen natürliche Vorläufer sich nicht gerade durch besondere Hochwertigkeit auszeichnen. Einer dieser Gründe könnte im Einsatz bei Fettverdauungsstörungen und bestimmten Darmerkrankungen wie Colitis ulzerosa oder Morbus Crohn sowie der künstlichen Ernährung zu finden sein. Als Mittel zum Abnehmen ist Fett generell ungeeignet, es sei denn, der überhöhte Preis dieser Präparate trägt mit dazu bei, sie gänzlich liegen zu lassen und sich statt dessen mit einer Veränderung der Ernährungsgewohnheiten zu beschäftigen.

Das positive an Fetten ist zugleich ihr größter Makel, zumindest heutzutage: Sie sind unsere energiereichste Nährstoffquelle, was durch die lange Verweildauer im Magen zu erklären ist.

Das daraus resultierende Gefühl der Sättigung hält wesentlich länger vor, als nach der Aufnahme anderer Kost (beispielsweise Obst und Gemüse).

In Zeiten der Nahrungsknappheit mag das auch durchaus ein Vorteil sein, da man so Energie für die Nahrungsbeschaffung sparen kann. Da wir uns vermutlich aber alle darin einig sind, dass der dafür verwandte Zeit- und Energieaufwand heutzutage deutlich geringer zu veranschlagen ist, verliert Fett als Energielieferant sehr an Bedeutung.

Im Vergleich mit einem Gramm Kohlenhydrate liefert ein Gramm Fett dem Körper die doppelte Menge Energie. Eine der Grundforderungen, die an die Art und Weise der menschlichen Ernährung gestellt werden sollte, ist ein bewusster Umgang mit der Nahrung.

Nahrung ist – entgegen einer weitverbreiteten Meinung - nicht dazu da, uns irgendwelche Glücksgefühle zu spenden: Sie dient der Aufrechterhaltung unserer körperlichen Gesundheit und damit unserer Funktionsfähigkeit.

Sollten Sie da gänzlich gegenteiliger Meinung sein, überlegen Sie sich bitte einmal, wie Sie den Begriff „Sucht" definieren.

Selbstverständlich bedeutet das nicht, die Nahrungsaufnahme zum Horrortrip werden zu werden zu lassen, in der törichten Annahme, nur die allerstrengste Askese ließe sich mit der Forderung nach gesunder Ernährung vereinbaren.

Fett ist ein Geschmacksträger und muss gar nicht vollständig vom Teller verbannt werden. Sinnvoll ist jedoch auch hier eine Umorientierung in Bezug auf die naturbelassene Form der Fette. Je mehr einzelne Verarbeitungsschritte ein Produkt erfahren hat, bevor es auf Ihrem Teller landet, desto schlechter für Sie! Auch sind es mitunter wirklich Kleinigkeiten, die wir an unseren Essverhalten verändern können, ohne uns dabei auf völlige Entsagung zu fixieren.

So beeinflusst allein die Art und Weise, wie Sie Ihren Morgenkaffee zubereiten, unter Umständen den Cholesterinspiegel. Denn jede Tasse Kaffe lässt die Cholesterinwerte um 1 % ansteigen. Trinken Sie 5 – 6 kleine Espressi täglich, so können die Werte um rund 2 % steigen und Schuld daran trägt das Cafestrol, welches in papiergefiltertem Kaffee nicht enthalten ist.

Abschließend kann man jedoch auch zu dieser Thematik bemerken, dass Cholesterinwerte einerseits nicht ausschließlich von der Art und Menge der aufgenommenen Nahrung bestimmt werden und andererseits auch erhöhte Werte nicht pauschal interpretiert werden dürfen.

Wichtige Bestandteile unserer Ernährung sollten die Ballaststoffe sein.

Ballaststoffe sind nötig, da sie nicht vollständig verdaut werden können und unverdauliche Faserstoffe die Darmpassage des Nahrungsbreies verkürzen. Das bedeutet zum einen, eine nicht restlose Ausnutzung der Nährstoffe und zum anderen eine Minimierung von Gärprozessen. Der Ballaststoffanteil, der durch die Darmbakterien verstoffwechselt wird, bildet kurzkettige Fettsäuren, von denen man annimmt, dass sie die Cholesterinsynthese in der Leber drosseln und Darmkrebs[20] vorbeugen.

Früher ein häufiger Bestandteil der Nahrung, sind sie heute leider auch unserem veränderten Geschmacksverhalten zum Opfer gefallen: Die Bitterstoffe. In der chinesischen Medizin wird der bittere Geschmack dem Feuerelement zugeordnet, dem auf der organischen Ebene das Herz und der Dünndarm entsprechen. Ihre größte therapeutische Wirkung erzielen Bitterstoffe jedoch bei allen Erkrankungen der Milz (bei Lungenkrankheiten gilt Bitteres als kontraindiziert).

Die Milz ist, entsprechend der chinesischen Medizinlehre, ein Organ der Aufbereitung – was sich nicht nur auf die eigentliche Nahrung bezieht, sondern auch auf intellektuelle Kost. So lautet die Begründung auf die Frage, warum man beim Essen nicht lesen solle, für chinesische Kinder: „Weil dann die Milz damit beschäftigt ist, die Essenz aus dem Lesestoff herauszuziehen und sich nicht auch noch um die Nahrungsverwertung kümmern kann."

Auch wenn uns die Zusammenhänge zwischen Milz und Lesestoff nicht sofort aufgehen wollen: die Erfahrung, dass eine ständige Reizüberflutung nicht sättigt, sondern nur Geschmack auf m e h r macht, haben wir sicher fast alle schon einmal machen müssen.

Hier zeigt sich eine Analogie zwischen unserem suchtartigen Essverhalten - mit dem ständigen Wunsch nach „mehr" - und nie befriedigten Geschmacksnerven bei völligem Fehlen der elementarsten Nährstoffe und der Schattenseite unserer Informationsgesellschaft, die darin besteht, dass wir über immer mehr schlagzeilenartige Kurzinformationen verfügen, an einer Erforschung der Hintergründe aber kaum Interesse haben. Wir können nichts mehr verarbeiten, weil wir ständig auf der Suche nach neuen Reizen sind. Für die Chinesen ein eindeutiges Indiz für Milzschwäche.

Übertragen auf den Nahrungssektor bedeutet das: Ständige neue geschmackliche Reize sollen Lust auf mehr machen – ohne dabei jedoch eine Sättigung zu erzielen. Dass dies ganz im Sinne der Industrie ist, braucht wohl nicht extra erwähnt zu werden, schließlich leben ganzen Industriezweige von unserem so sorgsam gesteuerten Fehlverhalten. Irgendwann wird jeder genusssüchtige Vielfrass von

---

[20] Lt. W. Zabel haben alle an Tumoren erkrankten Patienten eine generell schlechtere Prognose, wenn sie zudem auch einen stark erhöhten Cholesterinspiegel aufweisen. Als eigentlich schädigender Faktor wird dabei die Überlastung des Stoffwechsels und die (auch kurzfristige) Überschwemmung durch ein Zuviel an cholesterinhaltigen Nahrungsstoffen – besonders wenn diese aus tierischen Fetten stammen – angesehen.

Panik ergriffen und gerät in die Fänge der Fitnessindustrie mit einer Vielzahl an überflüssigen Fitnessgeräten und vermeintlich gesunden Light-Produkten - oder aber er bleibt konsequent und verhilft der Pharmaindustrie zu höheren Umsatzzahlen.

Wer hierbei der Verlierer ist, steht von vornherein fest!

Abschließend an dieser Stelle noch ein Wort zu den bitteren Seiten des Lebens – in diesem Falle unserer Lebensmittel.

Bitterstoffe, an denen es unserer Nahrung zunehmend mangelt, aktivieren ebenfalls den Stoffwechsel und helfen so beim Abnehmen. Nicht umsonst ist der „Schwedenbitter" ein geschätztes Heilmittel der Alternativmedizin. Über das Vegetativum regt Bitteres die Ausschüttung von Verdauungssäften an, was besonders für ältere Menschen mit nachlassender Speichel- und Sekretproduktion ausgesprochen positiv ist. Auch die leicht abführende Wirkung (vermehrte Gallensekretion) und die Aktivierung der meist eingeschränkten Darmperistaltik (die durch eine erschlaffende Bauchdecke noch forciert wird), werden besonders von älteren Menschen geschätzt. Der Volksmund weiß zudem: „Was bitter im Mund, ist dem Magen gesund" – was auf eine Mehrdurchblutung der Magenschleimhaut anspielt. Ebenso wird die Bauchspeicheldrüse unterstützt, wodurch mehr nahrungsspaltende Enzyme freigesetzt werden. Grundsätzlich wirken Bitterstoffe tonisierend, d.h. sie erhöhen die Gefäßspannung. Da sie zudem auch noch die unspezifische körpereigene Abwehr anregen – es kommt zur vermehrten Schweißabsonderung – helfen sie auch bei der Entgiftung. Bei einer Darmsanierung, oder begleitend bei der Anti-Pilz-Therapie, sollten sie immer zum Einsatz kommen. Positiv ist dabei auch, dass Bitterstoffe auch heute noch weitestgehend natürlichen Ursprungs sind und nicht aus Pharma-Laboren stammen. In Korb- und Lippenblütlern, Kürbis- und Enziangewächsen, sowie Rinden und Wurzeln sind sie vorwiegend enthalten.

Die Kurkumawurzeln gelten als Anti-Magenkrebs-Mittel, da dieser in asiatischen Ländern, die eine kurkumareiche Würze bevorzugen, so gut wie unbekannt ist. Kurkuma ist Bestandteil der Currymischungen und deren sekretionsfördernde Wirkung hat sicher jeder schon einmal verspürt.

Auch im Zusammenhang mit durch Fettzufuhr ausgelöste Krankheiten gilt:

Die Menge macht's! Fett natürlicher Genese ist, zumindest derzeitig, den synthetischen Varianten oftmals vorzuziehen u n d Fett erfüllt wichtige Aufgaben im Körper.

Cholesterin ist keinesfalls der einzige Faktor, der zu Herz- und Kreislaufproblemen führt, dabei handelt es sich vielmehr – wie ja zumeist - um ein multifaktorelles Geschehen.

Zusammenfassung:

Auch wenn Krebs nicht zu den Stoffwechselkrankheiten gezählt wird und man vielfältige Ursachen für seine Entstehung (sicher zu Recht) verantwortlich macht, so sollten doch die in den letzten Jahrzehnten deutlich angestiegenen Todesfälle durch Mastdarm- oder Brustkrebs den erhöhten Fettverzehr als Mitursache nicht ausschließen.

Zu den Haupt-Krebsrisiken zählt, neben Eiweißmast und dem Verzehr stark belasteten Fleisches aus Massentierhaltungen, auch ein Übermaß an gehärteten Fetten, was das endokrine System beeinträchtigt und den Darm schädigt.

Sogenannte Zivilisationskrankheiten entwickeln sich auf dem Boden einer längerfristigen Umstellung der natürlichen Ernährungsgewohnheiten, die gekennzeichnet ist durch eine Verschiebung der Kohlenhydrat-Stärkereichen Nahrung zugunsten einer Fett- und Eiweißbetonten Ernährung. Dabei ist auch eine Bevorzugung von tierischer gegenüber pflanzlicher Nahrung festzustellen. Das Problem „Fett" ist nicht das Problem „Cholesterin".

Eine bewusste Ernährung unterstützt unseren Fettstoffwechsel.

Literatur:

Heinz Knieriemen, Lexikon - Gentechnik – Fooddesign – Ernährung (AT Verlag, Aarau, Schweiz, 2002)

Johannes v. Buttlar, Die Methusalemformel – Der Schlüssel zur ewigen Jugend (Gustav Lübbe Verlag GmbH, Bergisch Gladbach, 1996)

Axel Meyer, Lexikon der Vollwerternährung (Goldmann Verlag, 1991)

Walter Binder, Naturheilkundliches Ernährungsbrevier (Verlag für Naturmedizin und Bioenergetik, Deggendorf, 1987)

Werner Zabel, Die interne Krebstherapie und die Ernährung des Krebskranken (Bircher – Benner Verlag GmbH, Bad Homburg von der Höhe und Zürich, 1984)

Ernährungslüge Nr. 4: ...Da die heimischen Böden durch einseitige landwirtschaftliche Nutzung arm an Mineralien sind und somit auch Obst und Gemüse nicht ausreichend Vitalstoffe besitzen, ist es unerlässlich, auf Nahrungsergänzungsmittel zurückzugreifen ...

Einige (essenzielle) Spurenelemente haben physiologische Bedeutung und ihr Entzug ruft Mangelerscheinungen hervor. Ihre übermäßige Zufuhr kann jedoch zu ernsthaften Erkrankungen führen.

> „Wer sich mit Mineralien und Spurenelementen befasst, gelangt zu der Überzeugung, dass je kleiner und feiner ein Stoff im Organismus ist, desto tiefer greift er in das Stoffwechselgeschehen ein."
> Walter Binder, Naturheilkundliches Ernährungsbrevier

So ganz verkehrt ist es ja nicht: Vergleicht man den Gehalt an Vitaminen und Mineralien heutiger Feldfrüchte mit denen früherer Jahre, so ist schon ein deutlicher Abfall des bioaktiv verwertbaren Anteils zu verzeichnen. Die Frage stellt sich allerdings, ob synthetische Mineralstoffkomplexe ein genügender Ausgleich für den Mangel an organischen Stoffen sind oder sein können. Bevor wir diesen Fragen nachgehen, wenden wir uns erst einmal den Funktionen zu, die Mineralstoffe innerhalb unseres Körpers erfüllen.

Sowohl Mineralstoffe als auch Spurenelemente werden gern als „Zündfunken des Stoffwechsels" betrachtet. Dabei kann man immer wieder feststellen, dass je geringfügiger die Spuren sind, in denen das Vorhandensein eines Stoffes im Organismus nachgewiesen werden kann, desto größer ist die im Körper ausgelöste Wirkung (Ein Prinzip, das uns bereits aus der Homöopathie bekannt ist). In unserem Fall bedeutet das auch, dass den Spurenelementen im Körper, bei der Ingangsetzung von Enzymdynamik eine größere Bedeutung zukommt als den Stoffen, die gemeinhin als Mengenelemente definiert werden.

Unerlässlich für möglichst reibungslose Stoffwechselprozesse sind beide Gruppen. Wenden wir uns zunächst dem Stoffwechselgeschehen zu: Als „Stoffwechsel" oder „Metabolismus" bezeichnet man all die Vorgänge im Körper, die sich auf die Umwandlung von Substraten (Nahrungsmitteln oder Sauerstoff) beziehen. Auf-, Um- sowie Einbauprozesse gehören ebenso dazu wie der Abbau (der den Zerfall und Ersatz von Körperbestandteilen reguliert) und der sogenannte intermediäre (Zwischen-) Stoffwechsel. Die Abbauprozesse werden dabei unter dem Sammelbegriff „Katabolismus" zusammengefasst. Aufbauende Stoffwechselprozesse werden mit „Anabolismus" beschrieben (Anabolika sind Ihnen sicher, wenn auch meist im negativen Kontext, als Muskelaufbau-Präparate bekannt). Dieses Geschehen wird durch Enzyme und Vitamine geregelt. Ein Großteil der

Stoffwechselanomalien ist auf genetisch bedingten Mangel an Enzymen zurückzuführen. Von Störungen die bis zur Erkrankung führen, können der Eiweißstoffwechsel, der Fett- oder Lipidstoffwechsel, der Kohlenhydratstoffwechsel und natürlich der Mineralstoffwechsel betroffen sein.

Frühformen des Diabetes mellitus sind eine Störung des Kohlenhydratstoffwechsels. Die Osteoporose ist eine Störung des Knochenstoffwechsels (der Knochen ist der Ort des pathologischen Geschehens, hier: Eines Ungleichgewichtes zwischen den knochenauf- und knochenabbauenden Zellen). Da hierbei aber nicht nur Kalzium eine Rolle spielt, sondern auch und ganz besonders Silizium, handelt es sich auch um eine Störung des Mineralstoffwechsels.

Wenn Enzymen die Rolle der „Initialzündung" innerhalb des gesamten Stoffwechselgeschehens zugeschrieben wird, fällt die Rolle der „Energielieferanten" den Kohlenhydraten zu, die ihrerseits Zucker, Stärke, Fett und Eiweißen entstammen.

Stark vereinfacht, handelt es sich um Energie, die aus der enzymatischen Abspaltung von Wasserstoffatomen gewonnen wird, wobei freiwerdende Elektronenenergie dem Aufbau hochenergetischer Phosphorverbindungen dient. Die zentrale Phosphorverbindung (das Adenosintriphosphat = ATP) regelt mit Ribose (einem Zuckermolekül) alle Zellstoffwechselprozesse. Es wird in den Mitochondrien (den Kraftwerken der Zelle) hergestellt.

Auf- und Abbauprozesse müssen sich im Körper die Waage halten. Physiologisch ist dabei ein Überwiegen der anabolen Vorgänge während der ersten 25 Lebensjahre. Nach einer Phase des relativen Gleichgewichtes überwiegen die Abbauprozesse jenseits des fünfzigsten Lebensjahres. Das es individuelle Unterschiede gibt, dafür sorgt die persönliche Lebenssituation, wobei frühkindlicher Mangel, häufige Krankheiten und Stress im unmittelbaren Arbeits- oder Lebensumfeld die Stoffwechsellage negativ beeinflussen.

Bitte bedenken Sie auch immer, dass die Diagnose Stoffwechselstörung nicht automatisch bedeutet, dass Sie zu wenig von einem bestimmten Stoff aufnehmen, wie es beispielsweise bei Anorexie oder mit Erbrechen einhergehenden Bulimieformen der Fall ist.

Häufig wird der Stoff in ausreichender Menge zugeführt, kann im Körper aber nicht verarbeitet werden. Auch das kann unterschiedliche Ursachen haben: Organschwächen, Mangel an Enzymen, oder auch die Aufnahme von Stoffen, die ihrerseits die Verwertung beeinträchtigen. Dabei kann es sowohl zu sogenannten synergistischen Effekten kommen (das ist eine Wechselwirkung zwischen zwei Stoffen, die sich gegenseitig unterstützen und auch in der Wirksamkeit verstärken können), aber auch das Gegenteil kann der Fall sein:

Dann wirkt ein Stoff als Antagonist und ver- oder behindert die Aufnahme. Weitere Möglichkeiten des Antagonisten (Gegenspieler) wären die Förderung einer verstärkten Ausscheidung dieses Stoffes oder sogar seine Freisetzung aus unterschiedlichen Körpergeweben.

Hier beweist sich auch, wie problematisch die Zufuhr von in Nahrungsergänzungsmitteln enthaltenen Multi-Komplexen wirklich ist. Meist finden sich darin Stoffe zusammen-gewürfelt, deren einander beeinflussendes Verhalten noch längst nicht genügend erforscht ist. Zudem werden auch Spurenelemente, die im Körper wirklich nur in „Spuren" vertreten sind, in einer Dosierung angeboten, die sie eher als „Mengen"- Element ausweisen würde. Dass dieses, auf Grund der auftretenden Wechselwirkungen nicht ohne Folgen für die Gesundheit bleiben kann, geht aus dem vorher Gesagten zweifelsfrei hervor.

Ein Begriff, der häufig im Zusammenhang mit Mineralstoffen fällt, lautet „essenziell". Essentiell stammt vom lateinischen „essentia" und kennzeichnet etwas selbständiges, zum Beispiel eine Krankheit ohne erkennbare Ursache. Im Bereich der Biochemie beschreibt dieser Begriff jedoch lebensnotwendige Nährstoffe, die zugeführt werden müssen, da der Körper nicht in der Lage ist, sie selbst herzustellen (zu synthetisieren). Das kann neben einigen Mineralstoffen auch auf bestimmte Vitamine, sowie Amino- und Fettsäuren zutreffen.

Mineralstoffmangel mit den daraus resultierenden vielgestaltigen Krankheiten ist weiter verbreitet als Vitaminmangel.

Um die Bedeutung von Mengen- und Spurenelementen für den Menschen besser beurteilen zu können, wenden wir uns zunächst den bekannten Mengenelementen zu.

Als Mengenelemente werden Stoffe bezeichnet, deren Konzentration im Körper 50mg pro Kilogramm Körpertrockengewicht übersteigt. Obwohl das auch auf Eisen zutrifft, wird es jedoch zu den Spurenelementen gerechnet.

Mengenelemente sind: Chlor, Kalium, Kalzium, Magnesium, Natrium, Phosphor und Schwefel.

Chlor

Chlor reguliert zusammen mit Natrium (NaCl) wichtige Körperfunktionen. Beide Stoffe sind im gesamten Organismus verteilt, wobei der Großteil auf extrazelluläre Flüssigkeit entfällt, der Ernährungsaufgaben für die Zelle zufallen, der Rest befindet sich in roten Blutkörperchen und Belegzellen des Magens, wo Chlor zur Bildung von Magensäure beiträgt und damit für eine konstante Blutkonzentration sorgt.

Gleichzeitig ist die im Magen gebildete Salzsäure unerlässlich für die Verdauung von Eiweiß und die Lösung von Mineralsalzen, damit diese in gelöster Form über den Blutweg den Körper versorgen.

Chlor besitzt die dem Natrium entgegengesetzte Ladung (Anion) und sorgt dadurch bei elektrischen Konzentrationsgefällen zwischen Zellinnen- und Zellaußenraum an der Zellmembran für einen schnellen Ladungsausgleich und beeinflusst somit den osmotischen Druck und die Wasserverteilung im Körper.

Im Säure-Basen-Haushalt zeigt Chlor die Tendenz zur Ansäuerung des Milieus und hat damit eine dem Natrium entgegengesetzte Wirkung. Da sowohl unsere Lebensweise mit Bewegungsmangel und schon dadurch bedingter flacher Atmung, die durch die vorwiegende gebeugte Sitzhaltung noch forciert wird, als auch unsere bevorzugte Zivilisationskost zur Übersäuerung des Körpers führen, ist auch eine verstärkte Zufuhr von Chlor nicht empfehlenswert.

Salzhaltige Nahrungsmittel enthalten immer Chlor und sollten zumindest dann, wenn eine eingeschränkte Nierenfunktion und/oder eine Schädigung des Lymphsystems mit Ödembereitschaft vorliegen, nur äußerst sparsam aufgenommen werden.

Ein Chlormangel ist sehr selten. Dehydrierung, (Exsikkose - durch starkes Schwitzen bei extremen Temperaturen) - kann dazu führen. Auch kann er bei Arbeitern am Hochofen auftreten, die vorsorglich meist Salztabletten bei sich führen. Hitzekrämpfe und Hitzschlag können jedoch vermieden werden, wenn man auf erste Anzeichen von Ermüdung, Schwindel, Übelkeit oder Muskelkrämpfen achtet. Mit einer Prise Salz kann man diesen Beschwerden entgegenwirken.

Auch bei Durchfällen wirkt eine kleine Menge Salz dem Elektrolytverlust entgegen (Wasserretention).

Da Chloridionen in praktisch jeder Zelle geringfügig vorhanden sind, kann ein Mangel sich in Muskelschwäche, Verdauungsstörungen und gestörter Blutatmung zeigen; vermutlich entsprechen die Symptome denen des Natriummangels, da die Ausscheidung beider Stoffe parallel verläuft.

Dass auch dem Trinkwasser zur Keimabtötung Chlor beigefügt wird, ist sicher bekannt. (Schwimmbäder sind häufig schon auf große Entfernung am typischen Geruch zu erkennen.)

Die morgendliche Nasenspülung, die besonders bei trockener Heizungsluft von vielen praktiziert wird, wird damit zur Qual.

Chloride zählen neben Kalium-, Kalzium- und Magnesiumkarbonat zu den schädlichen anorganischen Mineralsalzen, die sich im Trinkwasser nachweisen lassen (neben Alaun- und Natriumgaben).

Auch die Chlorierung des Trinkwassers ist eines der heiß diskutierten Themen – sehr zu Recht. Es gibt aber auch ökologische Ansätze der Trinkwasseraufbereitung, die optimistisch stimmen, so z.B. Trinkwasseraufbereitung durch Algen, die in großen in Reihe stehenden Wasserbecken Filterfunktionen erfüllen.

Kalium

Kalium findet sich zu 98% in den Zellen, besonders in den roten Blutkörperchen, dem Herzmuskel aber auch der übrigen Muskulatur, den Nieren und den Zellen des parasympathischen Nervensystems.

Es trägt zur Straffung des Muskelgewebes bei, aktiviert eine ganze Reihe für den Stoffwechsel wichtiger Enzyme und steigert sowohl den Eiweiß- als auch den Zuckerstoffwechsel.

Natrium zeigt im Verhältnis zu Kalium eine komplementäre Wechselwirkung. Das Gleichgewicht zwischen beiden Stoffen ist eine Grundvoraussetzung für den Zellstoffwechsel.

Tritt ein Kalium (+ -Kation) aus der Zelle aus, tritt ein Natrium (- -Anion) in sie ein, wobei es zu einer Verschiebung des ph-Wertes – in Richtung einer leichten Ansäuerung – kommt. Zu einer zellulären Kaliumverarmung kommt es dann, wenn sich die Wasserstoffionenkonzentration außerhalb der Zelle so erhöht, dass Kalium austritt und Wasserstoffionen einlässt. Diese Situation ist typisch für den Krebsstoffwechsel. Wobei Krebszellen auch immer einen akuten Magnesiummangel aufweisen. Andererseits trug eine verstärkte Magnesiumzufuhr im Tierexperiment dazu bei, Metastasenbildung zumindest deutlich zu verlangsamen.

Kalium und Magnesium wirken synergistisch – Magnesium verstärkt die Kaliumwirkung. Da beide Stoffe im Körper ähnliche Aufgaben erfüllen, sollte bei dem an anderer Stelle besprochenen Magnesiummangelsyndrom, auch der Kaliumspiegel Beachtung finden.

Kalium ist in vielen Obstsorten (wie Feigen, Datteln, Rosinen, Passionsfrüchten und Pflaumen) reichlich vorhanden. Auch die Banane gehört zu den kaliumreichen Nahrungsmitteln, ebenso die Aprikose – letzterer ist als basischstem Obst überhaupt, der Vorzug zu geben. Bananen gelten als zu zucker- und stärkereich. Bei dem in unseren Breitengraden typischen Überangebot an beidem sollte der Verzehr von Bananen eher eingeschränkt werden.

Viele Gemüsearten, Kartoffeln, Meerrettich, Kichererbsen, Pilze, Gartenkresse, Petersilie, Nüsse, Pistazien und Mandeln weisen einen hohen Gehalt auf, wie auch Buchweizenvollmehl, Weizenkleie, Bierhefe und Rohrzuckermelasse. Sojabohnen verdienen auch als Kaliumlieferanten Beachtung.

Entscheidend ist die Zubereitung, da längeres Waschen, Wässern und Kochen bis zu 50% des Gesamtgehaltes vernichten kann. Dämpfen und Dünsten, als typisch asiatische Zubereitungsarten, sollten bevorzugt werden.

Entsprechend seiner Funktionen im Körper zeigen sich bei einer Unterversorgung mit Kalium folgende Symptome: Niedriger Blutdruck, Konzentrationsschwäche und erhöhte Reizbarkeit sowie eine generell geringe Belastbarkeit. Muskelschwäche, mit ihren speziellen Ausdrucksformen wie Darmträgheit oder Herzmuskelschwäche, die auch mit Rhythmusstörungen einhergehen kann, finden sich ebenso wie eine Erhöhung des Cholesterinspiegels.

Insgesamt zeigen sich eher die Symptome einer Übersäuerung.

Zur vermehrten Ausschwemmung von Kalium aus der Muskulatur tragen folgende Krankheitsbilder - richtiger, die zu ihrer Therapie eingesetzten Medikamente bei:

-asthmatische oder sonstige Erkrankungen, die von einem entzündlichen Prozess gekennzeichnet sind (rheumatischer Formenkreis) und mit Cortison behandelt werden und -Herzbeschwerden, die mit Digitalisgaben behandelt werden, sofern diese hoch angesetzt sind.

Einige Mediziner bevorzugen den Einsatz von Strophantin, wenn Herzglykoside erforderlich sein sollten.

Kaliumüberschuss hingegen ist selten und tritt dann in der Folge einer eingeschränkten Nierenfunktion auf.

Kalzium[21]

Bei einer Umfrage zum Thema: „Welche Krankheit ist durch Kalziummangel bedingt?", fiele Ihnen wahrscheinlich sofort die Osteoporose ein. Dieser Entstehungsmythos hält sich hartnäckig, ist aber nichtsdestotrotz falsch.

Selbst in medizinischen Nachschlagewerken wird Osteoporoseentstehung auf unterschiedliche Ursachen zurückgeführt, eine dieser Entstehungstheorien mutmaßt einen manifesten Kalziummangel, eine andere macht den Wegfall von Hormonen (Östrogenen) in den Wechseljahren für den Ausbruch der Krankheit verantwortlich. Folglich gab es Kalk satt, in der Hoffnung, dieser würde sich schon seinen Weg suchen und dahin gelangen, wo er hingehört: In den Knochen. Das Resultat waren sklerosierende Gefäße; bei einer meiner Teilnehmerinnen an einer speziellen Osteoporose-Gymnastikgruppe lautete die Diagnose gar: Aortensklerose![22]

---

[21] Übrigens sind die vielen von Ihnen sicher bekannten Kalziumantagonisten, die seit langem gegen bestimmte Herzrhythmusstörungen Vorhofflimmern) und ganz besonders gegen Hypertonie (Bluthochdruck) zum Einsatz kommen, k e i n e Gegenspieler des Kalziums - auch wenn ihr Name das vermuten lässt. Sie sind weder in der Lage, den Kalziumspiegel im Blut zu senken, noch können sie die Aufnahme von Kalzium beeinflussen. Vielmehr greifen sie in den Muskelstoffwechsel ein, indem sie den Einstrom von Kalzium in die Muskelzellen behindern. Sie wirken ähnlich wie Tranquilizer auf die motorische Muskulatur, nur ist ihr entspannender Effekt primär auf die glatte Muskulatur der Blutgefäße beschränkt. Deren Spannungszustand verändert sich und der Blutdruck sinkt.

[22] Bei der Aortensklerose handelt es sich, volkstümlich ausgedrückt, um eine „Gefäßverkalkung"- die in diesem Fall sogar „künstlich" gesetzt wurde. Die häufigsten Lokalisationen finden sich im Bereich der Bauchaorta und einig im Bereich des Aortenbogens. Bedenkt man die enorme Bedeutung der großen Körperschlagader für den gesamten Organismus, so wird klar, dass es sich hier um kein leicht zu verschmerzendes Krankheitsbild handelt. Vom Aortenbogen zweigen wichtige Stammarterien ab, die ebenfalls betroffen sein können (Aortenbogensyndrom). Durchblutungsstörungen im Kopf und im Schulter-Arm-Bereich können die Folge sein. Eine durch Gefäßwandschäden hervorgerufene Ruptur der Aorta führt meist zu lebensbedrohlichen inneren Blutungen.

Allerdings gibt es durchaus eine Krankheit, die zu Recht auf Kalziummangel zurückgeführt wird. Bei dieser handelt es sich um die auch als „Englische Krankheit" bekannte Rachitis, welche gewisse Parallelen zur Osteoporose aufweist, wie etwa die Verformung der langen Röhrenknochen oder des Brustkorbes.

Allerdings wäre auch hier eine alleinige Therapie mit hochdosiertem Kalzium wirkungslos geblieben, da die Unterversorgung des Körpers mit Vitamin D der eigentliche Auslöser der Kalziumeinbaustörung war. Vitamin D kann der Körper zwar selbst herstellen, dafür benötigt er jedoch die Sonne zur Aktivierung dieses Vorgangs. Wie der volkstümliche Name „Englische Krankheit" schon suggeriert, trat Rachitis dort in Form einer Volksseuche auf und wurde durch die Industrialisierung mit ihren typischen Attributen, wie der Entstehung moderner Metropolen mit katastrophalen hygienischen Verhältnissen, stark begünstigt:

- viele Menschen auf wenig Raum zusammengepfercht

- Veränderung der Ernährungsgewohnheiten, die durch die Ansiedlung in Städten erfolgte und ursprünglich leicht zu beschaffende, aber hochwertige Nahrung aus der ländlichen Produktion zu Luxusgütern werden ließ

- eine auf die Industrialisierung zurückgehende Umweltverschmutzung gigantischen Ausmaßes, die dafür sorgte, dass kein Sonnenstrahl mehr in die ohnehin engen Gassen gelangen konnte.

Der bereits mehrfach zitierte Dr. M.O. Bruker plädierte aus diesen Gründen auch immer dafür, die Osteoporose eher als auf frühkindliche Fehl- oder Mangelernährung gegründete „Spätrachitis" anzusehen.

Auch wenn Sie dieses Argument vielleicht noch für die Nachkriegsgeneration gelten lassen wollen, aber meinen, es hätte in der heutigen Zeit der Überversorgung keine Berechtigung mehr, sollten Sie bedenken, dass sich falsche Ernährungsgewohnheiten über Generationen hin kaum verändern.

Der ständig steigende Kochsalzverbrauch in den Industrienationen trägt ebenfalls dazu bei, dass Kalzium verstärkt über die Nieren ausgeschieden wird.

Viele Gemüsearten enthalten große Kalziummengen, die aber nicht immer gleich gut vom Körper verarbeitet werden können – so wird Kalzium aus Spinat nicht genutzt, da er dort in einer unlöslichen Form vorliegt. Da Verdauung ja bekanntlich schon im Mund beginnt, werden die einzelnen Nahrungsbestandteile meist hier schon ungenügend aufbereitet. Stress und Hektik tragen dazu bei, dass dem Zerkauen der Nahrung nicht genügend Zeit gewidmet wird, ein hoher Rohfaseranteil wird dann nur mangelhaft verwertet. Mangelhafte Zahngesundheit tut ein Übriges. Auch diese Problematik verstärkt sich mit zunehmendem Alter. Wie Gerontologen warnen, wird das Kauvermögen älterer Menschen zumeist durch schlecht sitzende Gebissprothesen beeinträchtigt. Neben der schlechteren Verdauung ergibt sich dabei natürlich noch ein zusätzliches Problem: Rohfaserreiche Kost wird gewöhnlich nicht mehr gekauft, da sie schwer zu kauen ist und Fertigprodukten wird, der leichten Verfügbarkeit wegen, der Vorzug gegeben.

Bei schlechter Verdauung wird Kalzium aus dem Dünndarm nicht aufgenommen, mehrere Faktoren wirken sich hier im negativen Sinne potenzierend aus.

Nachdem wir die isolierte Gabe von Kalzium als unsinnig erkannt haben, wenden wir uns nun den anderen, in Kombipräparaten gern als besonders wirksam gegen Osteoporose angepriesenen Mineralstoffen zu und überprüfen diese auf ihre Verwendbarkeit.

Vitamin D (Calciferol) trägt dazu bei, dass Kalzium verstärkt aus dem Darm aufgenommen wird, ein Vorgang, den man als Rückresorption bezeichnet. Das klingt praktisch und zudem ungefährlich, hat aber einen Haken. Infolge eines verseuchten Darms, den man bei vielen Stoffwechselerkrankungen fast als obligatorisch voraussetzen kann, ist die Kalziumpassage durch die Darmwand behindert.

Zusätzliche Vitamin-D-Gaben verschlimmern die Symptomatik, da sie zu einer verstärkten Freisetzung von Ca aus dem Knochensystem beitragen. Im Tierexperiment traten zudem künstlich gesetzte Arterienverkalkungen auf, eine Gefahr, auf die ich ja schon bei der isolierten Einnahme von Kalzium hingewiesen habe. Wechselwirkungen mit fast allen anderen Mineralien sind dem Kalzium eigen, eine besondere Affinität weist es jedoch zu Magnesium und Phosphor auf, da hier eine direkte Abhängigkeit von der Blutkonzentration und den Mengenverhältnissen besteht.

Wen wundert's, wenn Magnesiummangel auch in der Osteoporosetherapie diskutiert wird.

Dem Magnesium wird eine dem Nervensystem sehr zuträgliche Wirkung zugestanden. Es wird als anregend für den Nervenstoffwechsel bezeichnet, da es insgesamt aber mehr dämpfend wirkt, beruht diese Wirkung eher auf einer Ökonomisierung der Stoffwechselfunktionen.

Sowohl der Magnesium-, als auch der Phosphorspiegel befinden sich in einem umgekehrten Verhältnis zur Kalziumkonzentration.

Steigert man also die Kalziumzufuhr, steigert man gleichzeitig die Ausscheidung von Magnesium und umgekehrt verhält es sich genauso.

Ähnlich verhält es sich beim Zusammenspiel des Kalziums mit Phosphor. Beide bilden als Kalziumphosphat eine Knochenaufbausubstanz, in der ein Großteil des im Körper vorhandenen Phosphors enthalten ist. Im Blut unterliegt der Phosphorspiegel größeren Schwankungen als beispielsweise der Kalziumspiegel. Die bereits beim Einsetzen des Klimakteriums gern verabreichten Östrogene provozieren einen verstärkten Phosphorabfluss, der seinerseits eine Erhöhung des Kalziumspiegels nach sich zieht.

(Der Kerngedanke des Glaubens an die knochenprotektive Wirkung der Östrogene.) Da man aber sowohl den Kalzium-, wie auch den Phosphorblutspiegel durch phosphor- oder kalziumreiche Nahrung ausgleichen kann, wiegen die Risiken der Östrogentherapie ihren Nutzen bei weitem nicht auf.

Nicht übersehen darf man auch, dass Ovulationshemmer als Antivitamine gelten, Vitamine aber ebenfalls Einfluss auf das Stoffwechselgeschehen nehmen. Zumindest indirekt können sich Hormone somit auch negativ auf den Stoffwechsel auswirken.

Kalziumüberschuss findet sich mitunter bei einem zu hohen Cholesterinspiegel oder bei Zinkmangel. Ein Man (wie z.B. Diabetes) zu begünstigen.

Sollten Sie jedoch tatsächlich einen Mangel an Kalzium aufweisen, was sich in ständiger Krampfneigung, Allergiebereitschaft, brüchigen Haaren und Fingernägeln, zu lang anhaltenden Regelblutungen und gesteigerter Nervosität äußern kann, können Sie folgende Nahrungsmittel zur natürlichen Kalziumbilanzierung verwenden: Fenchel, Lauch, Apfelsinen, schwarze Johannisbeeren, Brombeeren, Kiwis, Kresse, Schnittlauch, Petersilie, Dill, Haselnüsse, Mandeln und Mohn (Zusätzlich zu den Nahrungsmitteln die im Kapitel zum Thema Milch aufgeführt werden).

Oxalsäurehaltige Nahrungsmittel wie Rhabarber und Spinat sollten ebenso gemieden werden, wie phytinhaltige (Kleie) oder phosphatreiche (Cola, Schmelzkäse, Wurst). Alle diese Nahrungsmittel haben eine negative Wirkung auf die Kalziumverwertung. Die Salze der Oxalsäure (Oxalate) bilden im Körper mit Kalzium entsprechende Salze, die im Darm zunächst gebunden und dann ausgeschieden werden. Die Oxalsäure ist auch imstande, Kalziumionen aus dem Zahnschmelz zu lösen, was sich im „stumpfen" Bissgefühl zeigt, das sich beim Verzehr von rohem Rharbarber häufig einstellt.

Des Weiteren sollte nicht unerwähnt bleiben, dass Kalziummangel durch übertriebenen Alkohol- und Kaffeegenuss, sowie fettreiche Kost und Eiweißmast entsteht und somit ein Hinweis auf Übersäuerung sein kann.

Während in medizinischen Lehrbüchern zum Thema der Osteoporoseentstehung die Kalziummangeltheorie an hervorragender Stelle steht - wenn auch begleitet von dem Vermerk: eine Reossifizierung (Knochenneubildung) konnte bislang in keiner Studie nachgewiesen werden – so fristen einige Studien zum Thema Knochenheilung ein eher trauriges Dasein. Bewiesen ist, dass die Knochendichte zunimmt, wenn die Betroffenen Tönen mit einer Frequenz von 20 – 50 Hertz ausgesetzt werden. Bei Frakturen ließen sich eine stimulierte und beschleunigte Knochenheilung im Frequenzbereich von 25 – 50 Hz nachweisen.

Das brachte US-amerikanische Forscher auf die Idee, gewöhnliche Hauskatzen als Therapeuten einzusetzen: Ihr Schnurren liegt bei einer Frequenz von 25 Hz mit einem Oberton von 50 Hz.

Da Menschen die mit Tieren leben, eine generell höhere Lebenserwartung nachgesagt wird, von der höheren Lebensqualität ganz zu schweigen, wäre das doch die Grundlage für eine hervorragende Partnerschaft!

Interessant wird in diesem Zusammenhang eine Studie von Dr. med. Bodo Köhler, die die Frage nach dem Kalziummangel als Auslöser der Osteoporose beantworten sollte.

Die Versuchsanordnung besticht durch ihre Einfachheit und es ist mehr als unverständlich, warum ihren Ergebnissen keine größere Aufmerksamkeit zuteil wird. Dr. Köhler startete mit einem kleinen Experiment, bei dem ein Tierknochen für einige Stunden in Essig eingeweicht wurde (der entkalkende Effekt des Essigs wird bekanntlich gern für stark belastete elektrische Geräte, wie Waschmaschine und Kaffeeautomat, genutzt).

Da man hier eine künstliche Osteoporose gesetzt hatte, hätte man nun dem Krankheitsbild entsprechende Symptome (Knochenbrüchigkeit) erwarten müssen. Jedoch zeigte sich ein völlig entgegengesetztes Bild. Der demineralisierte Knochen war weder spröde, noch hart, sondern weich und biegsam geworden. Das allein beweist zwar die Unsinnigkeit der „therapeutischen" Kalziumzufuhr, die die Symptomatik ja eher noch verstärkt, sagt aber noch nichts über die eigentlichen Ursachen der Krankheit aus.

Bindegewebe und Knochengrundgerüst bestehen aus Silizium und sind deshalb elastisch. Da die Knochen jedoch vor allem Stabilität aufweisen müssen, werden Kalziumapatit-Kristalle in dieses Gerüst eingelagert.

Betrachtet man nun die populäre Entstehungstheorie, bei der von einem Kalziummangel ausgegangen wird, so fällt gleich auf, das genau das Gegenteil der Fall ist: Der Kalziumanteil überwiegt, gemessen am degenerativen Abbau der Knochenmatrix.[23]

Das ist jedoch kein unumkehrbarer Vorgang. Auch der Knochen verfügt über einen Stoffwechsel mit sowohl aufbauenden als auch abbauenden Knochenzellen (Osteoblasten und Osteoklasten). Deren Tätigkeit richtet sich u.a. nach der Gesamtstoffwechsellage und findet auf der Grundlage einer voll funktionsfähigen Knochenmatrix statt.

Besonders Schwermetalle und andere Toxine wirken sich auf diese ungünstig aus. Auf der Zellebene hängt der Stoffwechsel von Membranfetten, sogenannten

---

[23] Falls es noch eines weiteren Beweises für die Falschheit der gängigen Theorie bedarf: Bei der meist durch einen Tumor bedingten Überfunktion der Nebenschilddrüsen (Hyperparathyreoidismus) kommt es zu einer übermäßigen Ausschüttung an Parathormon – welches Kalzium aus den Knochen freisetzt und die Rückresorption über Darm und Niere fördert. Der Blutkalziumspiegel ist also erhöht. Die Folgen sind Knochenabbau, Nierensteine und Kalkablagerungen im gesamten Körper. Auch Magen- und Darmgeschwüre können auf dieser Grundlage entstehen. Die Situation ist identisch mit der einer vermehrten Kalziumzufuhr o h n e Berücksichtigung der Einbaustörung.

Lipoproteiden[24] ab, die durch Übersäuerung, Umwelttoxine und Konservierungsmittel zerstört werden.

Ähnlich wie beim Wasser sollten wir auch hier bedenken, dass es einen – für den Zellstoffwechsel notwendigen - Informationsfluss gibt, der, da im Mikrowellenbereich liegend, durch Elektrosmog aller Art (Handy-Strahlung) empfindlich gestört werden kann.

(Zu E-Smog, besonders den durch Handys ausgelösten, finden Sie weiterführende Literatur im Anhang.)

Nachteilig wirken sich Psychostress, sowie ein Überangebot an Kohlenhydraten aus – letzteres sorgt für ein Ansteigen des Insulinspiegels – und eine Hemmung der Ausschüttung von STH[25] mit anaboler/ aufbauender Wirkung. Kalziumgaben hingegen entfalten, neben einigen anderen Mineralstoffen auch, eine katabole, d.h. Knochenzellen abbauende Wirkung.

Als ausgesprochen gefährlich erachte ich die bislang übliche Gabe von Kalziumpräparaten auch aus einem anderen Grunde. Größtenteils bestehen diese aus jodhaltigem Muschelkalk.

Von Jod jedoch ist eine negative Auswirkung auf den Knochenstoffwechsel längst bekannt – ein Grund mehr, warum Jod bei der Zubereitung von Speisen in Seniorenheimen nicht zum Einsatz kommen sollte.

Die Mineralien an denen es tatsächlich mangelt, sind das gerüstbildende Silizium (Kieselsäure, die reichlich in Hirse enthalten ist) und Magnesiumcitrat. Sojaprodukte stehen auch hier wieder auf dem Speiseplan, wie auch enzymreiche Nahrungsmittel (Melone, Papaya, Ananas) und milchsauer vergorene Gemüsesäfte.

Dr. Köhler empfiehlt ferner, genau wie Dr. Bruker, die Unterstützung durch den an ungesättigten Fettsäuren reichen Lebertran.

Dr. Köhler, der als Facharzt für Innere Medizin zahlreiche Zusatzausbildungen u.a. in Naturheilverfahren und Homöopathie absolvierte, verweist in einem in einem, in der Fachzeitschrift CoMed erschienenen Artikel auf die erschreckend hohe Zahl der iatrogen[26] geschädigten Patienten – die Osteoporosepatienten gehören mit Sicherheit dazu.

---

24 Als Proteide bezeichnet man zusammengesetzte Eiweiße, die aus einfachen Eiweißen, den Proteinen und anderen Stoffen, wie Metallen, Farbkörpern, Stärke oder eben Fetten bestehen. Fast alle Enzyme gehören der Gruppe der Proteide an. Verglichen mit den Proteinen sind Proteide in der Natur wesentlich stärker verbreitet.

25 STH, das „somatotrope Hormon" oder auch Somatotropin, ist ein im Hypophysenvorderlappen gebildetes Wachstumshormon.

26 Der Begriff „iatrogen" beschreibt Schäden, die durch Ärzte oder medizinisches Personal, z.B. auf der Basis falscher Therapiekonzepte verursacht werden. Der Vorwurf der traditionellen chinesischen Medizin in Richtung westlicher Therapieformen lautet ganz ähnlich: In der westlich orientierten Medizin wird durch die symptomunter-drückende Behandlung, die sich nicht an einer Beseitigung von Entstehungsursachen orientiert, der Verbreitung chronischer Krankheiten Vorschub geleistet.

Magnesium

Magnesium lagert zum Großteil in den Zellen, wo es als ATP mit energiereichen Phosphorverbindungen Komplexe bildet, die Energieübertragung erst ermöglichen. Die größten Konzentrationen finden sich im Gehirn, dem ZNS und den Muskeln. Magnesium gilt als Prophylaktikum in der Gefäßtherapie, erweitert die Herzkranzgefäße und verbessert den Stoffwechsel des gesamten Herzmuskels. Laut Seyle verhüteten experimentelle Magnesiumgaben Herzinfarkte. In Stresssituationen konnte unter Einnahme von Magnesium eine schnellere Rückkehr zu den Normalwerten festgestellt werden, was dem insgesamt dämpfenden Effekt auf das Nervensystem zuzuschreiben ist.

Einige Herzspezialisten geben dem Einsatz von Magnesium in der Herztherapie den Vorzug vor dem traditionell eingesetzten Kalium. Nicht unerwähnt bleiben sollte auch Kalium-Magnesium-Adipat.

Eine Senkung des Blutdrucks konnte bereits mit einer Tagesdosis von mindestens 480 mg Magnesium erzielt werden. Forscher der John-Hopkins-Universität in Baltimore wiesen in Studien mit insgesamt 1.220 Teilnehmern nach, dass pro

243 Milligramm Mg der systolische Blutdruck um 4,3 mmHg und der diastolische um 2,3 mmHg sank.

Wenn man bedenkt, dass blutdrucksenkende Mittel reich an Nebenwirkungen und beileibe nicht ungefährlich sind, so ist diese Erkenntnis ein wahrer Segen.

Magnesium schützt nicht nur die Gefäße, sondern wirkt auch noch der Verdickung des Blutes entgegen. Berücksichtigt man neben dem Blutfette und Cholesterin senkenden Effekt auch die antithrombotischen und der Arteriosklerose entgegen wirkenden Effekte, so kann man Magnesium als das große Prophylaktikum innerhalb der Gefäßtherapie bezeichnen.

Im Tierexperiment zog magnesiumarme Kost eine Erhöhung weißer Blutkörperchen nach sich, welche nur bei einem Teil der Tiere durch eine Nahrungsumstellung rückgängig gemacht werden konnte; bei anderen entwickelte sich eine unheilbare Leukämie.

Ein Mangel an Magnesium lässt sich aber auch im Blutserum von Menschen nachweisen, die an anderen Krankheiten leiden. Besonders deutlich wurde dieser Mangel bei Herz und Leberkranken, war aber auch bei Diabetikern, Krebskranken und Nierenpatienten deutlich nachweisbar.

Hier zeigt sich auch die Relevanz von Magnesium für den Gesamtstoffwechsel.

Merke:

Magnesiummangel macht dick!

Auffällig ist der nachzuweisende Magnesiummangel bei Diabetikern, weshalb bei der Behandlung von Diabetes auch immer Magnesiumorotat eingesetzt werden sollte. Und das übrigens auch, um die gefürchteten Diabetes-Folgeschäden zu verhindern. Da sich ein Magnesiumüberschuss meist nur auf der Grundlage einer Vergiftung einstellt, möchte ich den häufig anzutreffenden Mangelsymptomen mehr Aufmerksamkeit widmen. Neben „neurasthenischen" Beschwerden zeigen sich Herzrhythmusstörungen ohne organische Ursache, Muskeltics (kleinschlägiges Muskelzittern z.B. im Augenlidbereich) oder Muskelkrämpfe, Schilddrüsendysfunktion, Haarausfall und Störungen im Leber- Galle- Funktionsbereich.

Nach chinesischem Verständnis weisen dünne, kraftlose Haare immer auf einen Mangel an „Leberenergie" hin. Mitunter findet sich eine larvierte Depression. Magnesium verstärkt die Wirkung von Phosphor und von Kalium.

Anders gestaltet sich die Situation in Bezug auf Kalzium. Führt man dem Körper verstärkt Kalzium zu, wird zum einen die Verwertung von Vitamin B6 behindert, zum anderen aber auch die Magnesiumaufnahme gehemmt.

Unter diesem Gesichtspunkt wird die gesamte medikamentöse Osteoporosetherapie besonders fragwürdig, denn (wie im Absatz über Kalzium eingehend dargestellt):

- Die Zufuhr von Kalzium bei Osteoporose ist völlig sinnlos und überflüssig.

- Führt aber ihrerseits zur verstärkten Ausscheidung von Magnesium, das wichtige„Herzschutzfunktionen" besitzt.

- Nach dem Klimakterium steigt auch für Frauen das Herzinfarktrisiko, was mit dem Wegfall der körpereigenen Hormone begründet wird und somit Anlass gibt, mit synthetischen Hormonen sowohl dem Infarkt- als auch dem Osteoporoserisiko, entgegenzuwirken.

- Gleichzeitig stehen jedoch synthetische Hormone im Ruf, Thrombosen auszulösen (weshalb auch die Aufnahme im Krankenhaus stets die Frage nach der Einnahme der Antibabypille stellt, wenn eine Operation bevorsteht).

- Das Risiko eines Gefäßverschlusses wird durch starre, unelastische Gefäße begünstigt (Arteriosklerose), Kalziumgaben tragen zur Sklerosierung bei.

- Die Östrogengaben steigern zudem den Phosphorabfluss, wodurch der Kalziumspiegel steigt – der Kreis schließt sich (Siehe oben).

Magnesium, nicht Eisen, ist das zentrale Atom im Lebenssaft der Pflanzen, dem Chlorophyll.

Sie finden es also in dunkelgrünen Salaten, aber auch in Lebensmitteln, die sich damit gut vergesellschaften lassen (Obst, Vollkorn, Sämereien, Kleie, Nüsse, Sojabohnen).

Das Vorhandensein von Chlorophyll wird übrigens auch als Grund dafür angesehen, dass Pflanzen die anorganischen Mineralien des Bodens verstoffwechseln können.

Natrium

Natrium im Blutserum dient der Neutralisation toxischer Abfallprodukte. In der Galle trägt es zum Emulgieren und Verseifen von Fetten bei, ferner dient es der Stabilisation des Cholesterinspiegels und begünstigt die Bildung sowie Leitung elektrischer Ströme im Körper – die Grundlage jeglicher Nerventätigkeit.

Natrium ist auch an der Bildung von Verdauungssekreten (z.B. Speichel) beteiligt und übt einen hemmenden Einfluss auf den Abbau von Fett und Zucker aus.

Da es aber auch schwach geladene Wassermoleküle an sich bindet, besteht seine Hauptaufgabe in der Regulierung des Wasserhaushaltes. Ein gewisser Teil befindet sich gespeichert in den Knochen, der größere Teil jedoch im Blut (Natriumchlorid) und in der Zwischenzellflüssigkeit.

Von den im Blut enthaltenen Salzen ist NaCl das wichtigste, Kalium- und Kalziumchlorid, sowie Natriumbikarbonat sind nur in geringen Mengen vorhanden.

Mit Hilfe der Osmose[27] sorgt NaCl für relativ konstante Flüssigkeitsbilanzen innerhalb des Körpers. Die Aufrechterhaltung eines osmotischen Druckes, der sich im Normalbereich befindet, ist für uns lebensnotwendig.

Während Natrium und Chlor Wasser in den Geweben zurückhalten, fördert Kalium den Wasserentzug.

Zu viel Natrium im Körper stellt sich besonders augenfällig in Wassereinlagerungen im Gewebe dar, ganz besonders in der Körperperipherie, also den Händen und Armen aber auch im Bereich der Füße und Beine - bei nächtlicher Ruhestellung unter Umständen auch im Gesicht. Besonders die zarte Haut rund um die Augenregion zeigt dann die typischen Gewebsaufquellungen.

Verstärkt wird diese Symptomatik noch durch ein schwaches Venensystem, das den angelagerten Lymphbahnen nicht genügend Unterstützung zuteil werden lässt. In den Armen und Beinen eingelagertes Wasser wird, wenn die senkrechte Körperhaltung zugunsten der waagerechten aufgegeben wird, wieder zur Ausscheidung gebracht, was wieder leistungsfähige Nieren voraussetzt. Da Bluthochdruck aber letztlich alle Organe in Mitleidenschaft ziehen kann (Nierenhochdruck), ist bei der Aufnahme von NaCl Zurückhaltung geboten.

Überforderung des kleinen Kreislaufes mit Rückstau in die linke Herzkammer, die daraus resultierende schleichende Entwicklung einer Links- und später

---

27 Bei der Osmose kommt es zu einem Übertritt von einer Flüssigkeit in eine andere, wobei eine semipermeable Wand passiert wird und die Flüssigkeit mit der niedrigeren Konzentration in der höher konzentrierten aufgeht.

Globalherzinsuffizienz können ebenfalls zu den Folgeschäden einer zu starken Kochsalzzufuhr zählen.

Da NaCl in so gut wie allen Fertigprodukten enthalten ist, ist der Verbrauch auch bei jungen Menschen schon sehr hoch und liegt im Durchschnitt mit 12 Gramm über dem Doppelten des täglichen Bedarfes.

Zu den Nahrungsmitteln mit hohem Natriumgehalt zählen: Butter, Maisflocken, Emmentaler und Roquefort Käse, Magermilch- und in etwas geringerem Maße auch Vollmilchpulver, Sauerkraut, Salzgurken und Oliven, Seefische, Kaviar, Spinat, Fleisch- und Gemüsebrühe, Räucherschinken, Kasseler, Salami und Cervelatwurst, Konserven sowie Fertigprodukte.

Wenig findet sich hingegen in Obst, Gemüse, Beeren, Nüssen, Getreide etc. Natrium kann nur mittels Wassers zur Ausscheidung gelangen: Aus diesem Grunde verspüren wir auch ein starkes Bedürfnis nach klarem Wasser, wenn wir stark gesalzene Nahrung gegessen haben. Bei einem zu hohen Verbrauch an Salz, was beim Genuss permanent „versalzener" Industriekost die Regel ist, werden die Nieren auf Dauer überlastet und der arterielle Blutdruck steigt. Das wiederum ist nötig, um ein Gleichgewicht der Flüssigkeitsbilanz zu erzielen.

Wer auf die Salzzufuhr achten, dabei aber nicht völlig auf Gewürze verzichten will, sollte sich verstärkt den Kräutern zuwenden. Auch die Art und Weise der Zubereitung hilft mitunter Salz zu sparen, so zum Beispiel das Garen von Kartoffeln in ihrer Schale wie auch generelles Garen im eigenen Saft, wobei zudem der Eigengeschmack der Speise stärker erhalten bleibt. Steigender Beliebtheit erfreuen sich Vollmeer-, Kräuter- und Gewürzsalze, sowie Himalaja-Salz. Auch hierbei darf man jedoch nicht übersehen, dass es sich dabei um Salz mit den typischen Wirkungsweisen des Salzes handelt.

Ein direkter Natriummangel kann bei extremen Flüssigkeitsverlusten (starke Durchfälle, heftiger Schweißverlust durch hohe Temperaturen oder infolge starker körperlicher Anstrengungen) auftreten, sowie ein Hinweis auf eine Fehlfunktion der Nieren sein.

Wie überall, bestehen auch hier Wechselwirkungen zwischen einzelnen Mineralstoffen. Am besten erforscht sind die zwischen Magnesium und Natrium (Agonist), Kalium und Natrium (wobei Kalium die synergistische Rolle einnimmt) und Kalzium und Na. Auch Kalzium schwächt die Wirksamkeit des Natriums.

Interessant ist in diesem Zusammenhang vielleicht auch noch, dass Lithium, ein noch weitgehend unerforschtes, nichtsdestotrotz aber lebenswichtiges Spurenelement, Ersatzfunktionen für Natrium zu übernehmen scheint. Bislang überwiegend in der Behandlung von Depressionen zuhause, wurden Lithiumsalze bereits in den vierziger Jahren des neunzehnten Jahrhunderts gegen Gicht-, Blasen- und Nierensteine verordnet.

Übrigens ist Lithium nicht das einzige Mineral mit stimmungs-aufhellender Wirkung: Bei der therapeutischen Einnahme von Magnesium wird ein ähnlicher Effekt verzeichnet. Umgekehrt kann jedoch auch eine Depression auch auf einen erniedrigten Magnesiumspiegel hinweisen.

Die Freude am Salzgenuss ist nicht instinktmäßig begründet, sondern erworben.

Ganz im Gegensatz zum sattsam bekannten Glücksgefühl beim Zuckerverzehr, ist das Verlangen nach Salz künstlich entstanden. NaCl lähmt die Geschmacksknospen im Mund und so entsteht, wie bei anderen Süchten auch, ein unnatürliches Verlangen nach einem bestimmten Stoff dadurch, dass körperliche Warnsignale abgetötet werden.

Phosphor

85% des Gesamtbestandes an Phosphor lagern im Knochen als Kalziumphosphat. Die restlichen 15% befinden sich im Blut und den übrigen Zellen. Sowohl innerhalb als auch außerhalb der Zelle erfüllt Phosphor eine Pufferfunktion – er wirkt somit der Übersäuerung des Körpers entgegen.

Als Nährstoff ist Phosphat für den menschlichen Organismus lebenswichtig, da er sowohl am Aufbau der Erbsubstanz beteiligt ist und Bestandteil von Zellmembranen, Knochen und Zähnen. Eine weitere wichtige Aufgabe erfüllen die Phosphorsalze bei der Energiegewinnung.

Da Phosphor in Kombination mit Kalzium im Knochen vorliegt, wurden beide Mineralien häufig als Kombipräparate bei Osteoporose eingesetzt.

Gleichzeitig wurde jedoch die Osteoporose als Knochenstoffwechselstörung mit einem Erkrankungsgipfel jenseits der Wechseljahre und somit in unmittelbarem Zusammenhang mit der nachlassenden Östrogenproduktion gesehen.

Auf der Grundlage dieser Theorie verordneten Gynäkologen und Allgemeinmediziner Östrogene zu Beginn der Wechseljahre.

Da eine der Krebsentstehungstheorien auch hormonelle Ursachen für wahrscheinlich hielt, wurde Östrogen stets zusammen mit Gestagenen gegeben, um die Gefahr der Tumorentwicklung zu minimieren. Ebenso kamen orale Gaben in Verbindung mit Östrogen-Pflastern, die ihre Wirkstoffe über einen langen Zeitraum hin abgeben, zum Einsatz.

Nicht berücksichtigt wurde dabei jedoch, dass übertriebene Östrogengaben den Phosphorabfluss steigern. Was konkret bedeutet, dass diese Form der Therapie zwar als Hormonsubstituierung bezeichnet wird, eine wirkliche Substitution aber die Erstellung eines individuellen „Hormonstatus" beinhalten müsste. Diese findet jedoch nicht statt, sondern zumeist eine Pauschalversorgung nach stereotypen Richtlinien.

Selbst Gynäkologen sprechen in diesem Zusammenhang von einer Übermedikation". Da Hormonen immer noch mehr positive (Anti-Aging) als negative Effekte zugeschrieben werden, stellt das für das ärztliche Gewissen auch keineswegs ein Problem dar.

Ferner wird nicht berücksichtigt, dass auch wenn Kalzium und Phosphor als Verbindung im Knochen auftreten, sich beide in einer Art von „instabilem Gleichgewicht" befinden, d.h., steigt der Kalziumspiegel liegt ein Phosphormangel vor und umgekehrt.

Zuviel Phosphor kann sich in Leberschwellung, einem brennenden Magenschmerz und Hautblutungen zeigen. Eine geringfügige Unterversorgung, die wahrscheinlich häufiger auftritt, stellt sich in sensiblen Missempfindungen (Kribbeln, Ameisenlaufen) neben einer Vielzahl unspezifischer Erschöpfungssymptome dar. Auch nichtrheumatische Gelenkschmerzen werden mit einem Minimalmangel in Verbindung gebracht.

Die echte Unterversorgung (Hypophosphatämie) wird durch eine Beeinträchtigung der Nierenfunktion, Überfunktion der Nebenschilddrüse oder Vitamin-D-Mangel hervorgerufen.

Hyperphosphatämie, also ein erhöhter Phosphatspiegel, zeigt sich im Blut von Säuglingen, wenn sie in der frühesten Lebensphase Kuh- statt Muttermilch bekamen, zudem erwiesen sie sich als ganz besonders Tetanie gefährdet.

Nicht übersehen darf man, die durch Selbsthilfe-Elterngruppen, die hyper-aktive Kinder ihr Eigen nennen, verstärkt thematisierte kindgerechte Ernährung. Gerade bei Kindern mit sogenannten Aufmerksamkeitsdefiziten, Aggressionsschüben und einem maßlos übersteigerten Bewegungsdrang wirkte eine Ernährungsumstellung, bei der auf phosphatreiche Produkte weitestgehend verzichtet wurde, wahre Wunder.[28]

Betrachtet man die ansonsten gängige Form der „Therapie" mit Ritalin, das die kindliche Befindlichkeit stark beeinträchtigt, so ist die Umstellung der Nahrung bei weitem vorzuziehen. Phosphor findet man reichlich in Kakao und Schmelzkäse, Produkte, die man bei einer schon vorhandenen Überversorgung meiden sollte. Genau wie Cola, Nüsse, Bierhefe, Getreide, Reis, Fisch, Fleisch und besonders Innereien, Hülsenfrüchte (auch Sojabohnen).

In diesen Lebensmitteln liegen Kalzium und Phosphor in einem unausgewogenen Verhältnis vor, d.h. mit einem deutlichen Phosphorüberschuss.

Sowohl Hyperaktive, als auch Osteoporoseverdächtige sollten diese Produkte weitestgehend meiden. Anders verhält es sich mit dem umgekehrten Verhältnis, bei

---

[28] Auch das dürfte keine übermäßige Überraschung sein, denn im Tierexperiment mit Nagern, die mit angereichertem Brot gefüttert wurden, zeigten sich extrem asoziale Verhaltensweisen bis hin zum Kannibalismus.
Zudem war die Lebenserwartung der Tiere deutlich niedriger.

dem ein Kalziumüberschuss zu Lasten des Phosphors besteht: Neben Gemüse und Salaten, finden sich in dieser Gruppe auch Obst, Beeren, Sesamsamen und Tofu (letzteres, obwohl es aus Sojabohnen gewonnen wird).

Übrigens werden auch Erwachsene nicht vom „hyperkinetischen Syndrom" (HKS) verschont.

Bei dieser Störung des Hirnstoffwechsels werden erbliche Faktoren ebenso wie salizylhaltige Nahrungsmittel, energie- sprich: zuckerreiche Ernährung, sowie Lebensmittelzusatzstoffe (Farb-, Aroma- und Konservierungsstoffe) gleichermaßen als Auslöser angesehen.

Eine Vielzahl industriell gefertigter Nahrungsmittel enthält Phosphor, da dieser über einen großen Anwendungsbereich verfügt. Phosphate verhindern das Gelieren von Kondensmilch und sorgen für eine cremigere Konsistenz, weshalb sie auch dem Speiseeis zugesetzt werden. Im Backpulver lassen sie den Teig auftreiben und verbessern den Geschmack koffeinhaltiger Getränke. Sie verhindern die Gerinnung von Eiweiß und hellen Pommes frites auf, und damit hat sich ihr Einsatz längst noch nicht erschöpft!

Für die an sanften Heilmethoden Interessierten unter Ihnen ist vielleicht auch ganz interessant, dass in der Homöopathie das Konstitutionsmittel-Bild von Phosphor einen eher überaktiven, wenig in sich ruhenden Menschen beschreibt. Bedenkt man, dass die Homöopathie als sanfte Heilmethode gilt, bei der nach der sprichwörtlichen Erstverschlimmerung" meist eine dauerhafte Heilung eintritt, so sollte sie zumindest als begleitende Maßnahme nicht außer Acht gelassen werden. (Begleiten sollte sie allerdings die Ernährungsumstellung, nach Ausschaltung eventueller Nahrungsmittelallergien, Bilanzierung von Mineralien und Vitaminen – falls nötig – sowie eine gründliche Darmsanierung, nicht die Ritalin-Therapie).

Schwefel

Biochemisch wird der Schwefel aus den Aminosäuren Cystein und Methionin gewonnen.

Das dabei als Abbauprodukt anfallende anorganische Sulfat trägt in der Leber zur Giftbindung (Phenol, einige Steroide, Arzneimittelgifte) bei. Auch bei Giftbefall der Darmflora (Kresol) macht Schwefel diese Stoffe erst ausscheidungsfähig. Mangel an Schwefel führt zur Anhäufung von Stoffwechselschlacken und einer Überbeanspruchung der Entgiftungsorgane, besonders der Leber. Auch eine Bindegewebsverschlackung kann die Folge sein, da Schwefel im Bindegewebe die Synthese elastischer Kollagenfasern erst möglich macht.

Zu den schwefelhaltigen Verbindungen gehören Biotin und Keratin, die beide unerlässlich für den Aufbau von Haaren, Haut und Nägeln sind, sowie das Nervenvitamin B, das Einfluss auf den Kohlenhydratstoffwechsel nimmt. Coenzym A erfüllt wichtige Funktionen innerhalb des Energiestoffwechsels, Insulin ist uns als blutzuckersenkendes Hormon der Bauchspeicheldrüse bekannt und Heparin setzt die Blutgerinnung herab.

Schwefel ist in vielen Nahrungsmitteln enthalten, wie Kresse, Kohl, Knoblauch, Lauch, Meerrettich und Zwiebeln, denen in der Naturheilkunde seit jeher ein wohltuender Einfluss

auf den menschlichen Organismus zugeschrieben wird. Teilweise ist dieser auf die antibiotische Wirkung der darin enthaltenen Senföle zurückzuführen.

Bei Erkrankungen der Atemwege, die vielleicht auch noch mit einem hartnäckigen Husten einhergehen, wird vielen Müttern ein Rezept aus Zwiebelsaft und Zucker (auch letzterem wird eine Beschleunigung der Wundheilung nachgesagt), erinnerlich sein.

Auch bei Infektionen der ableitenden Harnwege kommen einige der oben angeführten Mittel erfolgreich zum Einsatz.

Die schwefelhaltigen Aminosäuren des Meerrettichs sind, zusammen mit seinen ätherischen Ölen sehr wirksam bei Infekten aller Art, besonders denen der Atemwege.

Russische Forscher fanden heraus, dass Menschen, die viel Kohl zu sich nahmen, resistenter gegen Krebs zu sein schienen als andere – die Erklärung könnte darin zu finden sein, dass Kohl die schwefelhaltige Verbindung Methionin enthält, die dazu beiträgt, körpereigene Enzyme zu aktivieren und krebsauslösende Stoffe zu entgiften und auszuscheiden.

Werden schwefelhaltige Aminosäuren abgebaut so entstehen Sulfate, die größtenteils mit dem Harn ausgeschieden werden. Der verbleibende Rest jedoch nimmt als „aktives Sulfat" an Entgiftungsprozessen und dem Bindegewebsaufbau teil. Natriumsulfat, das bekannte Glaubersalz und Magnesiumsulfat (Bittersalz), dient der Entgiftung durch ihre stark abführende Wirkung.

Sulfite und Schwefeldioxid werden bevorzugt gegen Bildung von Schimmelhefen eingesetzt.

Sie dienen somit als Konservierungsstoffe. Die Kopfschmerzen, die bei empfindlichen Menschen nach Weingenuss auftreten, können auf freie schweflige Säure zurückzuführen sein.

Getreu dem Motto: Wo viel Licht ist, ist auch viel Schatten, hat auch der Schwefel seine negativen Seiten. So schädigt er als Schwefeldioxid die feinen Flimmerhärchen der Bronchialschleimhaut und kann bereits in äußerst geringen Konzentrationen zu Hornhauttrübung und Atemnot führen. Größere Mengen führen unweigerlich zum Tod von Mensch und Tier und auch das Waldsterben wird zu einem nicht geringen Prozentsatz den hohen Schwefeldioxidkonzentrationen zugeschrieben.

Nachdem wir uns zunächst mit den Mengenelementen und ihren Aufgaben innerhalb des Organismus vertraut gemacht haben, wenden wir uns nun den Spurenelementen zu.

Folgende Spurenelemente sind in unserem Körper nachweisbar:

Chrom, Eisen, Fluor, Jod, Kobalt, Kupfer, Mangan, Molybdän, Nickel, Selen, Silizium, Vanadium, Zink, Zinn.

Chrom

Obwohl der Chromgehalt in den Nahrungsmittel beträchtlich schwanken kann, finden sich doch einige darunter, die man zu den ausgesprochen wertvollen zählt, wie z.B. Getreide, Vollkorn, Keime, Bierhefe, Melasse, Wasserkresse und Gewürze sowie Maiskeimöl, schwarzer Tee und rote Beete. Der Vollständigkeit halber seien auch Rindfleisch, Käse, Milch und Eigelb genannt. Bei raffinierter Nahrung geht ein Großteil des Chroms verloren.

Amerikanische Wissenschaftler fanden heraus, dass chromfrei ernährte Ratten Gefäßveränderungen aufwiesen – nicht nur kleinere, periphere Gefäße, sondern besonders große Schlagadern wiesen starke Verkalkungen auf. Chrom wird folglich zugeschrieben, dass es die Fettsäuresynthese stimuliert (Triglyzeride).

Auch der Zuckerstoffwechsel scheint von Chrom beeinflusst zu werden. Bei Chrommangel wird die Entstehung eines manifesten Diabetes gefördert und die Zuckertoleranz sinkt.

Im hinteren Teil der Bauchspeicheldrüse findet sich ein Speicherdepot, da Chrom ein Insulin Co-Faktor ist. Bei Chrommangel wird die Insulinsynthese beeinträchtigt.

Therapeutisch konnte eine Besserung des Zustandes von Diabetikern erzielt werden, wenn eine Chromsubstitution erfolgte.

Auch hier kann man synergistische Effekte beobachten: Zink und Mangan, die beide molekulare Beziehungen zum Zuckerstoffwechsel aufweisen, werden in ihrer Wirkspezifik von Chrom unterstützt.

Die Bedeutung dieses Spurenelements wird besonders deutlich, wenn man sich vor Augen führt, dass es sowohl den Fettstoffwechsel-, als auch den Zuckerstoffwechsel beeinflusst.

Bedenkt man die ungünstige Durchblutungssituation der Diabetiker, mit einer Mangelversorgung der feinsten Kapillargefäße in der Körperperipherie, weshalb auch vor kleinsten Verletzungen gewarnt wird, dann wird die Relevanz der ausreichenden Chromversorgung besonders sichtbar. Da Verletzungen, bedingt durch mangelhafte

Ernährung der Körpergewebe äußerst schwer heilen und zur gefürchteten Gangränbildung führen können, ist es angezeigt, alles zu tun, was die Gefäßsituation verbessern kann. Wie an anderer Stelle bereits erwähnt, entstehen sklerosierende Ablagerungen in den Gefäßen auch durch Lipide.

Dass Diabetes durch jahrelange Fehlernährung ausgelöst wird, ist sicher hinlänglich bekannt, zumindest dann, wenn es sich um die nicht angeborene Form (Typ 1 – Diabetes) handelt.

Auffällig ist dabei, dass Diabetes in Zeiten des Krieges und der damit verbundenen Mangelernährung lediglich 0,1 % (!) der Gesamtbevölkerung betreffen, während es bei der heute praktizierten Überversorgung mit vorwiegend minderwertigen Nahrungsmitteln, als Volksseuche bezeichnet werden kann.

Auch dadurch wird deutlich, dass - mehr noch als Unterversorgung - die falsche Zusammenstellung unserer Kost die Entstehung von Krankheiten begünstigt.

Eisen

Eisen findet sich im menschlichen Körper vor allem als roter Blutfarbstoff (Hämoglobin).

Etwa 70% des menschlichen Gesamteisenbestandes (4-5g) sichert somit den Sauerstofftransport in den roten Blutkörperchen.

Fleisch ist zwar eine gute Eisenquelle, da der Vegetarismus jedoch (erfreulicherweise), eine ständig breitere Akzeptanz erhält, ist es wichtig, für die ausreichende Eisenaufnahme Rechnung zu tragen.

Das ist bei einer ausgewogenen Ernährung für Vegetarier ohne weiteres möglich. Frauen, die zyklusbedingt einen recht starken Blut- und damit Eisenverlust aufweisen, reagieren mitunter anämisch. Neben der blassen Hautfärbung, besonders auch der Schleimhäute, finden sich häufig eingerissene Mundwinkel (Rhagaden). Zu den subjektiven Symptomen zählen Befindlichkeitsstörungen, wie Kopfschmerz und rasche Ermüdbarkeit, aber auch ständiges Frösteln, Ohnmachtsneigung und Schlaflosigkeit.

In der chinesischen Medizin wird gerade das schnelle Ermüden als Indiz für eine geschwächte Leber angesehen – die Leber ist das Organ der Blutbildung. In solchen Fällen ist es durchaus nicht verkehrt, ein Eisenpräparat zumindest in Form einer Kur einzunehmen.

Der besseren Verwertbarkeit wegen, nehme ich, sollte ich einmal auf derartige Präparate angewiesen sein, gleichzeitig Spirulina-Algen in Tablettenform ein.

Unter anderem, ist es besonders bei der zusätzlichen Einnahme von Eisen wichtig, auf eine gute Verwertbarkeit zu achten. Eisensalze gibt es in rauen Mengen auf dem

Markt; Eisensulfit, Eisenchlorid oder Eisenlactat sind nur einige davon. Um Ihnen die Entscheidung ein wenig zu erleichtern, kann ich aufgrund meiner Erfahrungen Eisen(II)–sulfat empfehlen. Dem momentanen Erkenntnisstand gemäss, wird zweiwertiges Eisen am besten vom Körper aufgenommen. Allerdings ist das eine Empfehlung, die sich auf bestehende Mangelzustände bezieht und wie immer gibt es Möglichkeiten, diese erst gar nicht entstehen zu lassen. In früheren Zeiten, die auch diejenigen waren, in denen man mit Töpfen und Pfannen aus Gusseisen die Speisen zubereitete, war die Anämie längst nicht so verbreitet.

Der Grund ist denkbar einfach: Mit der Nahrung gelangten auch kleine Spuren von Eisen, das die Gefäße abgaben, in den Körper – das allein reichte schon aus!

Was hindert Sie, zu dieser Form der Zubereitung zurückzukehren?

Auch hier liegen interessante Studien, diesmal von der finnischen Universität in Kuopio, vor.

Entgegen allen Annahmen scheint die von Jukka T. Salonen an fast 2000 Männern durchgeführte Studie zu belegen, dass weder ein zu hoher Cholesterinspiegel noch Bluthochdruck ein derartig großes Risiko für Herzinfarkte darstellen, wie gerade ein hoher Eisengehalt im Blut (Veröffentlicht in „Circulation", dem Fachblatt der amerikanischen Herzgesellschaft).

Auch wenn hier, oberflächlich betrachtet, ein scheinbarer Widerspruch vorliegt, da Herzinfarkt mit mangelhafter Durchblutung assoziiert wird und Eisen mit seinem Sauerstoffbindungsvermögen indiziert zu sein scheint – bedenken Sie, dass Frauen jenseits der Menopause ein gleich hohes Risiko einen Herzinfarkt zu erleiden aufweisen, wie Männer.

Die Erklärung könnte darin zu suchen sein, dass sie nun über einen höheren Eisenspiegel verfügen.

Die bislang immer wieder strapazierte Theorie vom Wegfall des „hormonellen Schutzes" als Grund für das erhöhte Infarktrisiko, leuchtete mir ohnehin nie so ganz ein, da Hormone mit ihrem hohen Wasserbindungsvermögen zur Blutverdickung und Thrombenbildung beitragen und dadurch zu einem Co-Faktor für die Herzinfarktentstehung werden.

Wie sehr wir die Fähigkeiten unseres Körpers zu regulativen Selbstheilungs- und Selbstschutzprozessen unterschätzen, zeigen auch neuere Untersuchungsergebnisse, die belegen, dass der menschliche Organismus offensichtlich in der Lage ist, unerwünschten Mikroben das auch für sie lebensnotwendige Spurenelement Eisen vorzuenthalten. Das geschieht gleich auf mehreren Wegen, so wird die Aufnahme über die Nahrung gedrosselt und vorhandenes Eisen enzymatisch in Speichereiweiße eingebunden.

Bei der labortechnischen Untersuchung finden sich dann sowohl eine verminderte Erythrozytenzahl (rote Blutkörperchen) als auch ein geringeres Infektionsrisiko.

Möglicherweise ist dies die Ursache für einen meist nachweisbaren Eisenmangel in der Schwangerschaft. Die häufig beschworenen positiven Effekte des Stillens, wie die verminderte Infektionsbereitschaft gestillter Babys, könnten auch darin begründet sein, dass Muttermilch von Natur aus „eisenreduziert" ist.

Dieser Effekt könnte jedoch minimiert, wenn nicht völlig zunichte gemacht werden, wenn werdenden Müttern Eisenpräparate zugeführt werden.

Mehr als 20% der in der Muttermilch enthaltenen Proteine sind Laktoferrine, spezielle Eiweiße, die mittels ihres Eisenbindungsvermögens dieses Spurenelement dem Stoffwechsel entziehen.

Bekannt sind zudem Fälle chronischer Tuberkulose, die sich dramatisch verschlechterten, als ein Zufuhr von Eisentabletten erfolgte. Auch Entwicklungshelfer, die in Ostafrika die nomadisierenden Massai mit Eisentabletten versorgten, mussten einen rasanten Anstieg der Infektionen mit Amöbenruhr registrieren (H. Knieriemen, Lexikon Gentechnik Fooddesign, Ernährung).

Auch hier sollte man also nur mit äußerster Zurückhaltung in die körpereigene Regulierung eingreifen.

Fluor

Fluor genießt unter allen Spurenelementen nicht den besten Ruf. Die öffentliche Diskussion über seine Schädlichkeit wird unter der Überschrift: „Zwangsfluoridierung" ständig neu belebt. Nicht unerwähnt sollte dabei bleiben, dass bereits 1939 eine Kampagne einsetzte, Fluorbeimengungen im Trinkwasser, sinnvoll erscheinen zu lassen.

Bis zu diesem Zeitpunkt gab es enorme Probleme mit dem als Rattengift bekannten Natriumfluorid, das als Abfallprodukt in der Aluminiumherstellung anfiel.

Da über 40 weitere Industriezweige (wie Öl-Raffinerien, Metallschmelzen, Düngemittelhersteller etc.) ebenfalls Entsorgungsprobleme mit dem verstärkt anfallenden Natriumfluorid hatten, fand man einen amerikanischen Biochemiker, leider ohne medizinische Ausbildung, der sich eine „saubere" Lösung einfallen lassen sollte.

Bis dahin war es gängige Praxis, kostensparend, aber umweltschädigend, zu entsorgen und landschaftliche Nutzflächen „anzureichern". Die Folgen konnten nicht ausbleiben:

Schadenersatzforderungen in Millionenhöhe für bereits entstandene Schäden an Vieh und Getreide.

Der besagte Biochemiker entwickelte eine bis heute erfolgreiche Strategie, indem er darauf verwies, dass Kulturkreise mit hohem Teeverbrauch (Tee ist fluorhaltig) gesündere Zähne aufweisen, was für etliche asiatische Länder tatsächlich auch heute noch zutreffend ist. Diese Theorie war der Auslöser für die Herstellung fluoridhaltiger Zahnpasten, die bald als unerlässlich für eine erfolgreiche Kariesprophylaxe angesehen wurden.

Hier finden sich allerdings bereits zwei Denkfehler, denn wo man anders trinkt, isst man gewöhnlich auch anders und auch die individuelle Speichelzusammensetzung kann Kariesentstehung begünstigen. Niemals vergessen sollte man jedoch, dass kariöse Zähne nicht auf zuwenig Fluor, sondern auf viel zuviel Industriezucker zurückzuführen sind.

Zucker bildet Säure und fördert dadurch die Kariesentstehung. Werden Wasser, Salz oder auch Zahncremes fluoridiert, verändert sich das enzymatische Klima in der Mundhöhle, was wieder negative Auswirkungen auf die Kohlenhydratverdauung - die ja bereits im Mund beginnt- hat. Der schädigende Aspekt wird somit nur noch verstärkt.

Allerdings war auch in den USA die Fluoridierung des Trinkwassers nicht unumstritten.

Bereits 1939 verwies Dr. H. Trendley Dean auf einen hohen Kalziumgehalt im Trinkwasser der Gemeinden mit einer hohen Fluorkozentration und meinte, die sonstige Zusammensetzung des Wassers dürfe bei der Beurteilung von den Zahnschmelz härtenden Mineralien nicht außer acht gelassen werden. Dr. Dean bezog sich auf Daten einer Studie, wonach 37% der Einwohner von Pueblo, Colorado völlig frei von Karies waren (bei einem Trinkwasser- Fluorgehalt von 0,6 ppm) - im Gegensatz zu lediglich 11% kariesfreier Einwohner in East Moline, Illinois mit einem Fluorgehalt von 1,5 ppm. Ähnliche Ergebnisse zeigten sich in etlichen amerikanischen Städten, die auf eine lange Phase der Trinkwasserfluoridierung zurück blicken konnten.

Gewöhnlich lag die Häufigkeit des kariösen Befalls bei der Bevölkerung sogar um bis zu einem Drittel höher als in den Vergleichsregionen ohne Fluorzusatz (Dean, „Domestic Health and Dental Caries", Public Health Report, Mai 1939).

In etlichen Großstädten stieg die Zahl der Todesfälle durch Herzinfarkt unmittelbar nach Einführung der Trinkwasserfluoridierung auf das Doppelte der normalerweise zu erwartenden Sterbefälle. Der Zoo Philadelphia verzeichnete eine Reihe von unerklärlichen Todesfällen bei Vögeln und Säugern, zeitgleich mit der Anreicherung des Trinkwassers mit Fluor. („Is Fluorine Pollution Damaging Hearts" von Dr. med. K. A. Baird. Alles aus: G. Edward Griffin, Eine Welt ohne Krebs – Die Geschichte des Vitamin B 17 und seiner Unterdrückung, Kopp Verlag 2005)

Eine besonders bösartige Variante der Schädigung der Volksgesundheit stellen die Fluoridgaben für Säuglinge dar. Diese sind zudem völlig nutzlos, da keine Zähne vorhanden sind, um „gehärtet" zu werden - wohl aber Arterien, bei denen ein künstlicher Alterungsprozess eingeleitet wird. Sinnvoller wäre es sicherlich, darauf zu achten, dass Kinder Fluor in Bindung an Silikate oder Eiweiß (Fisch) zu sich nehmen. Die in Zahncremes enthaltenen hochgiftigen NaF (Natrium-Fluorid-Verbindungen), gelangen in hoher Konzentration in den kindlichen Organismus, da Kleinkinder unter drei Jahren bis zu 60% der Zahncremes beim Zähneputzen verschlucken. Natriumfluorid schädigt den empfindlichen Stoffwechsel des kindlichen Gehirns, mit seinem besonders hohen Sauerstoffverbrauch. In den USA verbot ein Gericht in einem 37 Seiten umfassenden Gerichtsurteil die Trinkwasserfluoridierung wegen der damit verbundenen schweren gesundheitlichen Schäden.

(Schäden an Haut und Haar, Neigung zu Bronchitiden, vorzeitiger Verlust der Milchzähne, Hyperkinese, Verlust der Konzentrationsfähigkeit, Adipositas, Ekzeme, Neurodermitis.)

Fazit: Fluortabletten schaden sicher mehr, als sie nutzen, und selbst auf fluoridhaltige Zahncremes sollte man besser verzichten.

(Lesenswert auch die Dokumentation von Peter Gray, Die Wahrheit über die Verwendung von Fluoriden.)

Der Chemiker Konradin Kreuzer verweist immer wieder darauf, dass die Formel: Fluor = giftiges Gas, jedoch: Fluorid = gutes Spurenelement, so nicht aufgehen kann. Sowohl das Giftgas, als auch der ätzende Fluorwasserstoff wandeln sich in feuchter Luft, Regen und Tau auf den Wiesen in Fluorid um. Im Magen jedoch erfolgt die erneute Umwandlung von Natriumfluorid in Fluorwasserstoff mit entsprechenden nachteiligen Folgen für die Gesundheit.

Nicht unbeachtet darf bleiben, dass wir mit Fluor und Jod gleich zwei Halogene, die jedes für sich bereits in das Enzymsystem eingreifen u n d sich gegenseitig beeinflussen, in einem Nahrungsmittel, dem Speisesalz, vertreten haben.

Da Fluor hemmende Einflüsse auf die Jodverwertung in der Schilddrüse ausübt und zudem eine Erniedrigung des Blut-Jod-Spiegels auslöst, ist eine Kombination dieser Stoffe reichlich aberwitzig.

Jod

Ein von der Schilddrüse produziertes Hormon, das Thyroxin, ist jodhaltig und hat einen starken Einfluss auf die physische und psychische Entwicklung. Der Mangel an Jod zieht eine Unterversorgung mit Thyroxin nach sich und führt darüber zu Vitalitätsverlust und einer geminderten Ausdauerleistung.

Die Zellen der Schilddrüse müssen mittels Oxydation das aus dem Blut stammende anorganische Jod in organisches Jod umwandeln. Dieses bildet die Grundlage für verschiedene Hormone wie Thyroxin, Thrijodthyronin und Kalzitonin.

Schilddrüsenhormone steuern das Skelettwachstum und die Entwicklung der Fortpflanzungsorgane, regulieren neben Oxidation, generellem Sauerstoffverbrauch und Wärmehaushalt auch die Synthese von Fettsäuren, den Abbau von Cholesterin sowie den Umsatz von Kalzium und Phosphat und hemmen zudem die Proteinsynthese.

Vor nunmehr gut einem Jahrzehnt begann eine Kampagne für die Beifügung von Jod an praktisch alle Grundnahrungsmittel mit der Begründung, es handele sich dabei um eine Kropfprophylaxe, die im Jodmangelgebiet Deutschland durchaus angezeigt sei.

Zur Untermauerung dieser Theorie wurde eine traditionelle Häufung von Kropfpatienten in Bayern angeführt. Nun gibt es jedoch in keinem anderen europäischen Land so viele jodhaltige Heilquellen, wie gerade in Deutschland, wo sie sich zudem auch noch in der alpenvorländischen Region häufen. Zehn von 50 bayerischen Kurbädern gelten als Jodbäder.

Längst ist die Theorie des Jodmangels, der zwingend zur Kropfbildung führe, überholt, aber wie so oft sind es ja gerade diese Theorien, die sich am längsten halten. Als Ursache für Kropfbildung gilt nach neueren Erkenntnissen ein Mangel an Vitamin A und die (unbeabsichtigte) Aufnahme von zu viel Jod kann sogar die Entstehung eines Kropfes provozieren (Richard Fuchs, Functional Food – Medikamente in Lebensmitteln).

Zink- und Selenmangel werden neuerdings ebenfalls als mögliche Faktoren für die Strumaentstehung diskutiert und auch die Antibabypille gilt als ein auslösendes Moment im Rahmen der Strumapathogenese. Letzteres sollte nicht verwundern, da von bestimmten Bestandteilen der Melisse, den so genannten Auron-Flavonoiden, bekannt ist, dass sie als eine Art „Antihormon" den Jodeinbau in die Schilddrüse hemmen. Dabei drosseln sie die Umwandlung von Thyroxin zu Trijodthyronin. Eine weitere positive Wirkung ist die Anregung der Flüssigkeits - und damit auch der Jodausscheidung - ebenfalls ein Effekt, der der Wirkungsweise von Hormonen entgegengesetzt ist: Diese binden Wasser und tragen somit zur Verdickung des Blutes bei und somit auch zur Erhöhung des Thromboserisikos.

Was beim Mengenelement Eisen schon zum Thema der gesonderten Zuführung für Schwangere mit angeblich „erhöhtem Bedarf" gesagt wurde, gilt auch hier: Schwangere Frauen, die zuviel Jod bekommen, laufen Gefahr, einem geistig retardierten Kind das Leben zu schenken, da der vorhandene Jodüberschuss beim Ungeborenen eine Unterfunktion der Schilddrüse auslösen kann.

Auch der in letzter Zeit häufiger erhobene Vorwurf, Jod würde die Gefahr an Krebs zu erkranken deutlich erhöhen, ist so abwegig nicht. Die Bildung von Nitrosaminen, die als die aggressivsten der bekannten krebsauslösenden Stoffe gelten, wird bei einer gleichzeitigen Anwesenheit von Jod um das Sechsfache erhöht.

Die Weltgesundheitsorganisation (WHO) kritisiert seit längerem die Jodmengenempfehlungen, die die Deutsche Gesellschaft für Ernährung (DGE) propagiert und verweist auf die Zunahme von Morbus Basedow gerade in den

Ländern, die Jodierung intensiv betreiben. (In den USA wird verstärkt jodiertes Speisesalz angeboten, in Holland und Tasmanien ist es jodiertes Brot, in England und Wales liegt der Jodgehalt der Milch besonders hoch.)

Endemisch auftretende Kröpfe scheinen jedoch eher auf eine regionale Erhöhung der Boden-Luft-Radioaktivität zurückzuführen zu sein.

Und Kropfbildung ihrerseits vielmehr durch industrielle Mangelernährung gefördert zu werden, da diese zu einer Minderdurchblutung kleinster Kapillargefäße in der Schilddrüse führt und die natürliche Jodaufnahme so behindert wird.

Es handelt sich also, ähnlich wie bei der Osteoporose, um eine ernährungs-bedingte Verwertungsstörung und nicht um ein homogenes Krankheitsbild, das durch die Zuführung eines einzelnen Stoffes zu beheben wäre.

Dafür in Kauf zu nehmen, dass im schlimmsten Fall ein tödlich verlaufender anaphylaktischer Schock als Folge einer Jodallergie einen arglosen Brotesser ereilt, ist eine Handlungsweise, die mit „gefährlicher Körperverletzung" beschrieben werden kann. Die Diagnose des anaphylaktischen Schocks ist nicht so ohne weiteres zu stellen: Die Dunkelziffer der Todesfälle, die auf einen solchen zurückzuführen sind und beispielsweise bei einer Herzkatheteruntersuchung auftraten, ist hoch. (Jodhaltige Kontrastmittel kommen im diagnostischen Bereich häufig zum Einsatz).

Auch an dieser Stelle möchte ich erwähnen, dass organisch gebundenes Jod selbst von nachgewiesenen Jodallergikern besser vertragen wird, als das künstlich erzeugte, das mittlerweile sämtlichen Grundnahrungsmitteln beigefügt wurde und wird.

Jedoch zeigt sich auch hierbei das Problem der überdüngten Böden, die generell einen hohen Nitratgehalt aufweisen. Da auch Pflanzen mit guter Jodassimilation, wie Möhren, Nitrat bevorzugt aufnehmen, muss bei steigendem Nitratgehalt ganz zwangsläufig der Anteil des organisch gebundenen Jods in der Nahrung sinken.

Was dann wieder Anlass zu einer verstärkten Anreicherung der Nahrungsmittel mit anorganischem Jod führt. Ein Kreislauf ohne Ende!

Jodbefürworter, die davon ausgehen, dass lediglich Hyperthyreotiker Probleme mit der massenhaften Jodierung haben und „im Interesse der Volksgesundheit" den Sinn der flächendeckenden Jodanreicherung propagieren, geben zu, dass mit 30% Neuerkrankten gerechnet werden müsse. Selbst Jodbefürworter, die naturgemäß keinerlei Interesse an einer zu hoch angesetzten Zahl von durch Jodierung erst an der Schilddrüse Erkrankter haben können, sprechen von ca. 18 Millionen (!) Bundesbürgern.

Zudem darf man nicht übersehen, dass die mittlerweile jahrzehntelang erfolgte Hochjodierung sowohl die Diagnose, als auch die Therapie von Schilddrüsenerkrankungen sehr erschwert.

Begründet werden diese Zwangsmaßnahmen damit, dass es sich bei Deutschland um ein ausgesprochenes „Jodmangelgebiet" handele.

Die Autorin Dagmar Braunschweig-Pauli, auf deren Recherchen und (leider auch) persönliche negative Erfahrungen die Ausführungen zum Thema Jod größtenteils basieren, erinnert daran, dass Deutschland erst ab 1990 zum Jodmangelgebiet erklärt wurde. Praktisch als eine Folge der Wiedervereinigung. In der ehemaligen DDR wurde seit den achtziger Jahren Salz regelmäßig jodiert, teilweise ohne Deklaration und immer ohne nachweisbare Erfolge. Als ich nach der Lektüre eines Buches von Frau Braunschweig-Pauli auf diese Thematik aufmerksam wurde, sprach ich mit einigen Teilnehmerinnen von Selbsthilfegruppen (Herzrhythmusstörungen), die alle als „organisch gesund" definiert wurden und trotzdem Beschwerden aufwiesen, die sie an den Rand ihrer körperlichen Belastbarkeit getrieben hatten. Alle gaben ein erstmaliges Auftreten ihrer Beschwerden in der Zeit nach 1980 an – zu diesem Zeitpunkt begann auch die flächendeckende Jodierung.

Neben Herzrhythmusstörungen stehen Befindlichkeitsstörungen wie Abgeschlagenheit und ständige Müdigkeit bei Schlaflosigkeit, extreme Hautprobleme (Jodakne), ein „Kloßgefühl" im Hals, Angstattacken, Sehstörungen, Potenzprobleme sowie Magen-Darm-Probleme (Morbus Crohn) im Vordergrund. Da Jod Auswirkungen auf den Kalziumhaushalt hat, müsste man auch von jodinduzierten Osteoporoseformen sprechen, dass man dies nicht tut, lässt mich vermuten, dass mittlerweile auch die meisten Ärzte sehr genau wissen, dass Osteoporose nicht durch Kalkmangel, sondern eher durch einen an Silizium gekennzeichnet ist.

Selbst die eine weitreichende Jodierung befürwortenden Mediziner gehen davon aus, dass gleichzeitig mit einer erhöhten Morbus-Basedow-Rate bei Schwangeren sowie der Zunahme von Säuglingen mit angeborener Überfunktion gerechnet werden müsse.

Als gesichert kann man zudem annehmen, dass es Zusammenhänge zwischen der (meist unfreiwilligen) Aufnahme von Jod in großen Mengen und der Zunahme von psychisch abnormen Verhalten gibt. Aggressionen und Depressionen bis hin zur Selbstauslöschung werden gefördert. Wenn man sich die täglichen Nachrichten zu Gemüte führt, kann man eigentlich nur davon ausgehen, dass die ständige Zunahme von „Beziehungstaten"- Morde, die von Müttern an ihren Babys und Kleinkindern oder Familienvätern an der Expartnerin oder auch der ganzen Familie verübt werden - nicht allein auf ein verändertes soziales Umfeld zurückzuführen sind.

Wohl wird unser soziales Netz immer grobmaschiger und viele Menschen fühlen sich von existenziellen Ängsten bedroht, jedoch erklärt das nicht alles. Auch Depressionen breiten sich rasant aus und entwickeln sich nachgerade zu einer Volksseuche. Natürlich kann man diese dann wieder mit einem breiten Spektrum an

Antidepressiva behandeln, was nur einen kleinen Schönheitsfehler aufweist: Das zumeist enthaltene Lithium interagiert mit Jod und verstärkt die Symptomatik noch zusätzlich.

Jod wird eine Tendenz zur Enthemmung nachgesagt und vom Standpunkt des Homöopathen aus betrachtet, erscheint die Verabreichung von potenziertem Jod als folgerichtig, da auch der Schilddrüsenpatient durch aggressives und ungeduldiges Verhalten auffällt. Auch die gerne mit Ritalin ruhig gestellten Kinder, die ihre Umwelt durch ein hyperaktives Verhaltensmuster schockieren, sollten keine jodierten Produkte erhalten.

Auch wenn ich Sie jetzt verwirren sollte, da ich bereits bei der Phosphat-Thematik die Kinder mit Aufmerksamkeits-Defizit-Syndrom besprochen habe, so denke ich doch, dass die Botschaft lautet, auf jegliche künstlichen Zusätze in der Nahrung zu verzichten.

Ganz gleich, ob es sich dabei um Hormone im Fleisch, um künstlich hergestellte Mineralstoffe und Vitamine, gentechnisch manipulierte Eiweiße und Bakterienstämme oder die breite Palette der Konservierungsmittel und Zusatzstoffe handelt.

Sehr bedenklich stimmen sollte auch, dass in der ehemaligen DDR eine Trinkwasserjodierung im Raum Dresden vorgenommen wurde, mit dem einzigen Erfolg, dass die Intensivstationen der Krankenhäuser mit kollabierten Patienten total überfüllt waren.

Trotz dieser Erfahrungen plädieren Kinderärzte für einen erneuten Versuch!

Dabei ist die Palette der jodierten Nahrungsmittel auch so schon kaum noch zu überschauen.

Es wäre vielleicht noch vertretbar, neben unjodierten Salzen auch eine mit Jod angereicherte im Handel zu vertreiben, wobei es in meinen Augen sehr fragwürdig ist, Nahrungsmittel mit Stoffen zu versehen, denen eine therapeutische Wirkung zugesprochen wird, die also in die Hausapotheke und nicht den Kühl- oder Vorratsschrank gehören. So ist es mittlerweile jedoch fast völlig unmöglich geworden, sich diesen Zwangsmaßnahmen zu entziehen.

Neben Brot und Brötchen, Eiern, Milch und sämtlichen daraus erzeugten Nahrungsmitteln (Joghurt, Sahne, Butter, Käse) sind Fertiggerichte und -suppen, Fleisch- und Wurstwaren nicht nur einmal, sondern meist mehrfach jodiert.

Seit 1995 wurde die den für Milchkühe vorgesehenen Mineralstoffgemischen beigefügte Menge an Jod zuerst auf 40, dann auf 100 mg pro Kilogramm Mineralgemisch angehoben.

Der Verbrauch an jodiertem Salz ist ebenfalls stark gestiegen. Ende der neunziger Jahre wurde dazu über-gegangen, in den Jagdrevieren angebrachte Salzlecksteine zu jodieren – was für Jodallergiker auch den Verzehr von Wildbret zu einer lebensbedrohlichen Angelegenheit werden lässt.

Die Autorin Braunschweig-Pauli verweist darauf, dass Pferdelecksteinen grundsätzlich nie Jod zugefügt wird. Die Erklärung ist einfach: Niemand liebt hysterische Pferde!

Übrigens werden auch Heimtierhalter vielleicht schon einmal im Fachhandel jodhaltige Lecksteine für Nager erworben haben. Diese sind an der rötlichen Färbung (Erythrosin) zu erkennen und sollten vermieden werden. Selbst der Wert jodierten Wellensittichfutters gilt bei Tierärzten als umstritten. Die Heimat der possierlichen Vögel ist der australische Kontinent und somit eine ausgesprochene Jodmangelregion (im Gegensatz zu Deutschland!).

Kein Tierarzt wird bezweifeln, dass eine Ernährung, die der in freier Natur möglichst nahe kommt, auch die gesündeste ist.

Der Stoffwechsel ist an diese Art der Nahrung am besten angepasst und man sollte als verantwortungsvoller Mitbewohner einer tierischen Wohngemeinschaft darauf achten, die den tierischen Bedürfnissen am besten entsprechende Nahrung zu reichen. Die Natur lässt sich nicht verbessern!

Sollte Ihnen jedoch Jod in geringen Mengen zuträglich sein, so achten Sie bitte auf die natürliche Herkunft. Denn da steht uns einiges zur Verfügung. Einen Jodmangel leiden muss wirklich niemand! So enthalten Brunnen- und andere Kressearten kleinste Jodmengen, die in der Regel von Mensch und Tier gleich gut vertragen werden.

Jod gewinnen wir aus Seefischen und Schalentieren, Meeresalgen und Islandmoos (Bestandteil einiger Arzneitees). Alles, was aus dem Meer stammt, weist einen - wenn auch unterschiedlich hohen - Jodgehalt auf. Bedenken Sie aber bitte, dass Spirulina und Chlorella als Süßwasseralgen davon ausgenommen sind.

Jodiertes Speisesalz, wie es immer wieder empfohlen wird, halte ich für absolut überflüssig, zumal dann, wenn man nicht in einem direkten Jodmangelgebiet lebt.

Allergien gegen jodhaltige Substanzen treten immer häufiger auf und zwar bei wesentlich geringeren Dosen, als denen den der Betroffene zuvor bereits ausgesetzt war. Weiterhin wird Jod auch verstärkt den Grundnahrungsmitteln zugesetzt, was letztlich einer Medikamentierung gleichkommt, da es sich um eine Substanz handelt, die extrem vielschichtig in die Regulationsmechanismen des Körpers eingreift.

Hier noch einige Hinweise zu natürlichen Jodquellen und deren Zubereitung.

Meerwasseralgen, die in asiatischen Lebensmittelläden häufig als Gemüse im Angebot befindlich sind, gelten als sehr vitalstoffreich und können durchaus schmackhaft zubereitet werden.

Falls die Verständigung schwer fallen sollte, können Sie mit diesen Hinweisen wenig falsch machen: Hijiki- oder Arame-Algen werden nur oberflächlich gereinigt, also abgerieben, dann lässt man sie ca. 10 Minuten quellen und ebenso lange kochen. Arame kann in kleinen Mengen Gemüsebeilagen oder Soßen zugefügt werden, gilt als besonders kalziumreich und soll traditionell bei Frauenleiden und Bluthochdruck zu Einsatz kommen.

Hijiki kann man Suppen, Soßen und Salaten, aber auch Fischgerichten beigeben. Da sie viel Eisen, Vitamin A, B1 und B2 enthält, wirkt sie besonders auf Haut, Haar und Fingernägel, aber auch die Knochen.

Bei Wakame entfernt man nach dem Einweichen die harte Mittelrippe und setzt dann einen kleinen Teil der traditionellen Misosuppe zu. Neben Kalium, Kalzium und Magnesium enthält Wakame Selen und hilft bei der Schwermetallausscheidung.

Der Nori-Alge wird eine cholesterinsenkende Wirkung nachgesagt. Im Gegensatz zu anderen Algen wird sie nur wenige Sekunden im Ofen gebacken. Die großen Blätter kann man ähnlich wie Weinblätter verwenden und z.B. Reis einrollen. Kleingeschnitten können sie auch Suppen beigegeben werden. Auch die Zubereitung der Kombu-Alge unterscheidet sich von der anderer Algenarten: sie wird etwa eine Stunde gekocht und gern Gemüsebrühen oder Hülsenfrüchten beigegeben, da sie diese bekömmlicher macht, was auf ihren Gehalt an Glutamat zurückzuführen ist. Da dieses nicht für jeden bekömmlich ist, ein Phänomen, das als Chinarestaurant-Syndrom bekannt ist, hierbei bitte etwas Vorsicht walten lassen.

Die positiven Wirkungen sind nicht zu unterschätzen, da nicht nur Jod und Magnesium in ihnen enthalten ist, sondern auch Vitamin C. Das ebenfalls nachgewiesene Alginat wirkt entgiftend und stärkt die Abwehr.

Bitte gießen Sie das Kochwasser nicht achtlos weg, sondern verwenden Sie es als Grundlage für die nächste Suppe. Denken Sie bitte immer daran: sollten Sie an einer Erkrankung der Schilddrüse leiden, sind Meeresalgen durch ihren Jodgehalt nicht empfehlenswert! Wenn Sie jedoch auf die entgiftende Wirkung der Algen nicht verzichten möchten – besonders bei Amalgamausleitung wird die gleichzeitige Einnahme von Algen empfohlen – , stehen Ihnen mit Spirulina und Chlorella zwei Süßwasseralgen zur Verfügung, denen nicht nur nachgesagt wird, dass sie Schwermetalle binden, sondern die gleichzeitig eine „Schlepperfunktion" übernehmen und sie dadurch überhaupt erst ausscheidbar machen.

Sollten Sie Algen in Form von Presslingen als Nahrungsergänzungsmittel einnehmen, so beachten Sie auch hier, dass es sich um kein genormtes, industriell und seriell gefertigtes Fabrikerzeugnis handelt. Wie bei allen Naturprodukten schwankt auch bei den Algenpräparaten die Zusammensetzung beträchtlich, achten Sie bitte auf die jeweiligen Anteile an unterschiedlichen Mineralien.

Auch die AFA-Alge, die einem Bergsee im US-Bundesstaat Oregon entstammt, ist reich an Vitaminen, Enzymen, Amino- und Fettsäuren, aber auch an Mineralstoffen. Der hohe Chlorophyllgehalt garantiert eine gute Akzeptanz. Weniger als zwei Gramm täglich sollen bereits für eine Aktivierung der Immunzellen ausreichend sein.

Vorsicht ist für Jodallergiker im Umgang mit dem roten Azofarbstoff Erythrosin geboten, da dieser zu mehr als der Hälfte seines Gewichtes aus Jod besteht. Das Erythrosin wird in der pharmazeutischen Industrie verwendet, was aufgrund der Kreuzwirkungen, die ein Farbstoff, der weitgehend selbst „Wirkstoff" ist, auslösen kann, sehr bedenklich ist. In der Lebensmittelindustrie verbirgt sich Erythrosin hinter der Codierung E 127.

Cocktailkirschen verdanken dem Erythrosin ihre ansprechende Farbe.

Kobalt

Kobalt, das Zentralatom von Vitamin B12, ist Bestandteil von Enzymen, die Zellschutzfunktionen haben – sie schützen diese vor den gefürchteten „freien Radikalen".

Zugleich aktiviert Kobalt auch ein Enzym, die Glucokinase, und wirkt dadurch auf den Zuckerstoffwechsel.

Fehlt Kobalt, wird die Biosynthese von Vitamin B12 unterbunden und Eisen kann im Körper nicht wirksam werden. Enzyme, die für den Eiweißstoffwechsel mitverantwortlich sind, können nicht aktiviert werden. Dadurch werden zwei sehr wesentliche Bereiche in Mitleidenschaft gezogen: Die Bildung der roten Blutkörperchen und der Schilddrüsenhormone.

Beim Auftreten von Krebsgeschwülsten lässt sich der Mangel oder auch das völlige Fehlen von Kobalt (neben zahlreichen anderen Mineralstoffen) nachweisen.

Bei der sogenannten perniziösen oder Addison-Anämie, einer Blutkrankheit, die durch die Bildung von zu großen Blutkörperchen in zu geringer Menge gekennzeichnet ist, waren die Erkrankten gezwungen, täglich ein Pfund Leber zu verspeisen, um am Leben zu bleiben.

Leberextrakte für Injektionen waren nicht weniger unangenehm, da sie schwere Nebenwirkungen aufwiesen.

Erst die Isolierung eines speziellen Leberfaktors machte der Krankheit ein Ende. Bei diesem Leberfaktor handelte es sich um Vitamin B12, dem einzigen Vitamin, das ein Metallatom (Co) trägt. Es erhielt den Namen Cobalamin. Besonders ergiebige Cobalamin-Quellen sind neben Leber auch alle übrigen Innereien. Da gerade diese (abgesehen vom Herzen) aber auch häufig als besonders belastet gelten (Entgiftungs- und Speicherfunktion), besteht die Möglichkeit, einen Ausgleich über Bierhefe- und entsprech- ende Extrakte zu erzielen. Für die B12-Gewinnung aus rein pflanzlicher Kost sind bakterielle Gärungsprozesse erforderlich.

Während Wiederkäuer, die sich mit kobaltarmen Weidegebieten begnügen mussten, auffällig häufig Früh- und Totgeburten aufwiesen und starke Abmagerung aufwiesen, fürchteten sich viele amerikanische Biertrinker vor Herzmuskelerkrankungen, die bis zum Herztod führten.

Der Grund: Zuviel Kobalt. In einigen Bundesstaaten wurde Kobaltchlorid zur Schaumstabilisierung eingesetzt. In Gegenden, die einen hohen Kobaltgehalt im Boden aufweisen und diesen natürlich an die Bodenfrüchte weitergeben, findet sich ein deutlich größerer Bevölkerungsanteil mit Schilddrüsenvergrößerung und Kropfbildung.

Kontaktallergien sind ebenfalls bekannt – da Kobalt zum Bestandteil nickelhaltiger Legierungen gehört, werden nachgewiesene Nickelallergiker auch auf Kobalt reagieren.

In Austern, Lachs, Thunfisch, Eigelb, Molke und Camembert ist Kobalt ebenso enthalten wie in pflanzlichen Nahrungsmitteln, wie Grünkohl, Getreide, Vollkornreis, Kleie, Haferflocken, Kartoffeln, Champignons, Obst, Hülsenfrüchten und Kakaopulver.

Kupfer

„Kupfer macht die Haare dunkel", so lautete ein Merksatz, mit dem ich im Rahmen eines Vortrages über Mineralien und ihre körperlichen Auswirkungen, konfrontiert wurde. Aber auch in den Zähnen, den Knochen, roten Blutkörperchen und dem Blutserum, sowie allen Organen, einschließlich der Haut als unserem größten Körperorgan, ist Kupfer enthalten.

Genauso vielfältig wie sein Vorkommen sind auch seine Aufgabengebiete.

So findet sich Kupfer in wenigstens 16 Metalloproteinen, Eiweißverbindungen, die eine Schutzfunktion gegenüber giftigen Spurenelementen wie Arsen, Kadmium oder Quecksilber ausüben. Kupfer setzt Hormone frei, ist am Zellwachstum und am Aufbau der Markscheiden von Nervenfasern (wichtig für die Reizleitung) sowie dem Pigmentstoffwechsel beteiligt (u.a. Farbe der Haare).

Vielleicht wäre es sogar interessant zu untersuchen, ob Kupfer nicht erfolgreich bei Erkrankungen, die mit Demyelinisierung der Markscheiden einhergehen (wie der Multiplen Sklerose) eingesetzt werden könnte. Zumal es gerade bei diesem Krankheitsbild immer wieder überraschende Remissionen gibt.

Zusätzlich ist die multiple Sklerose eine Krankheit, die sich in der nördlichen Hemisphäre und dort in bestimmten Ländern ausbreitet, was einen Zusammenhang mit vorherrschenden Ernährungsgewohnheiten zumindest nahe legt und zu diesbezüglichen Untersuchungen Anlass geben sollte.

Neben Meeresfrüchten und tierischen Produkten aller Art enthalten auch Getreide, Obst (besonders Pflaumen und getrocknete Feigen) sowie Gemüse, Hülsenfrüchte, Pilze und Blütenhonig Kupfer. Wer einen latenten Mangel auszugleichen hat, tut das am besten mit Bierhefe und kakaohaltigen Erzeugnissen.

Die Resorption von Kupfer kann durch Oxal-, Fumar-, oder Aminosäuren verbessert werden.

Kalzium, Kadmium, Zink, Sulfid, Molybdän und Phytinsäure in hohen Mengen haben den gegenteiligen Effekt.

Kupfermangel kann sich in Appetitlosigkeit, die mit Abmagerung und Blutarmut sowie einer gestörten Eisenverwertung einhergeht, darstellen. Wachstums- und zentralnervöse Störungen und eine verminderten Abwehr (eingeschränkte Histaminaktivität) können ebenfalls auf Kupfermangel hinweisen.

Glukoseintoleranz, Erhöhung des Cholesterinspiegels sowie Elastizitätsverlust im arteriellen Bereich wurden bereits beschrieben, treten aber meist erst in Folge von Resorptionsstörungen auf. Da Zink als Antagonist wirkt, wäre bei einer Zinksubstituierung auch auf eine verstärkte Kupferzufuhr zu achten. Säuglinge, die mit Kuhmilch ernährt werden, sind auch bezüglich der Unterversorgung mit Kupfer etwas kritischer zu beobachten.

Im Tierexperiment zeigte sich bei kupferloser Nahrung eine Unterbrechung der Eisenfreisetzung aus den Leberdepots, wodurch ein akuter Eisenmangel entstand.

Kupfer seinerseits trägt zum Eiseneinbau in die roten Blutkörperchen bei, unterstützt die Aufnahme von Vitamin C und die Wirkung von Vitamin B1. Eine besondere Affinität scheint auch zu Molybdän und Mangan zu bestehen: Hier gilt das bereits in Bezug auf Zink gesagte, je mehr sich von diesen drei Stoffen im Blut befindet, desto weniger Kupfer ist vorhanden.

Kupfer kann unter bestimmten Bedingungen auch Vergiftungserscheinungen hervorrufen.

Das Einatmen von Kupferstaub führt nach wenigen Stunden zu einer akuten Vergiftung mit Fieber, Schüttelfrost und grippeähnlichen Symptomen, während die schleichende Vergiftung durch Grünfärbung von Haut, Haaren und Zahnfleisch auffällt.

Als Morbus Wilson wird eine Kupferspeicherkrankheit bezeichnet, die durch Leberverhärtung und anschließender –schrumpfung, einer typischen Hautverfärbung, Stoffwechselstörungen bis zur eingeschränkten Nierentätigkeit gekennzeichnet ist.

Mangan

Auch beim Fehlen von Mangan sind im Tierexperiment eine Fülle von Symptomen beobachtet worden, die die Vermutung nahe legen, dass schon der bloße Mangel Stoffwechselentgleisungen nach sich zieht. Unbestritten ist die Rolle von Mangan beim Zuckerstoffwechsel und auch der Eiweißstoffwechsel wird durch dieses Mineral beeinflusst.

Intravenöse Mangangaben senken den Blutzuckerspiegel und könnten eine ergänzende Rolle bei der Insulinbehandlung der Diabetes spielen.

Nimmt man zuviel Mangan auf, führt das zu einem Mangel an Eisen, Kupfer, Kalzium und Vanadium. Reich an Mn sind Vollkornprodukte (auch Keime und Kleie) und Haferflocken, Nüsse, Mais, Spinat, Kartoffeln, rote Beete, Heidelbeeren, Avocados, Pflaumen und natürlich wieder einmal die Sojabohnen. Einige tierische Innereien, Geflügel (Truthahn) und Milchprodukte gehören ebenfalls zu den guten Manganlieferanten. Jedoch lässt sich der tägliche Manganbedarf mit einer rein pflanzlichen Nahrung gut abdecken.

Die Verwertung von Vitaminen der B-Gruppe, aber auch von Vitamin C und E wird unterstützt. Mangan wirkt auf die Insulinproduktion ein, was wiederum durch Chromgaben verstärkt werden kann.

Mangan potenziert die Eisenverwertung, dem es funktionell auch nahe steht, allerdings kann Manganmangel durch erhöhte Eisenzufuhr nicht ausgeglichen werden.

Eisenmangel seinerseits führt zu einer gesteigerten Manganaufnahme (doppelte bis dreifache Menge).

Die bei Wiederkäuern auf manganarmen Böden beobachteten Schäden reichen von Skelettdeformierungen, Bänder- und Sehnenschwäche, Störungen der Bildung bindegewebiger Fasern, sowie der Elastin-, Kollagen- und Knorpelbildung, einem erhöhten Blutzuckerspiegel bei gleichzeitiger Bauchspeicheldrüsenschwäche, Sterilität und einem verstärkten Auftreten von Fehlgeburten bis hin zu Kleinhirnerkrankungen, Epilepsie und parkinsonähnlichen Symptomen.

Selbst Pflanzen reagieren auf Manganmangel sehr empfindlich. So zeigen sich an den Keimblättern von Hülsenfrüchten dunkle Flecken, ein Phänomen das auch beim Anbau von Getreidepflanzen auftritt und als „Dörrfleckenkrankheit" bezeichnet wird.

Bei unbehandelten Diabetikern und Epileptikern wurde eine deutliche Absenkung des Manganspiegels festgestellt. Inwieweit der Mangel schon bei der Entstehung dieser Krankheiten eine Rolle spielt, muss noch untersucht werden, doch lassen die Erkenntnisse, die mit Wiederkäuern gesammelt wurden, eine solche Annahme als gerechtfertigt erscheinen.

Einige manganhaltige Enzyme beeinflussen sowohl die Blutfettsynthese als auch die Mucopolysaccharidbiosynthese. Diese Bausteine des Bindegewebes kommen auch in Gerinnungs-, Blutgruppen-, sowie Immunsubstanzen vor.

Die Therapie von Parkinsonpatienten erfolgt mittels Dopamin, einem Bohnenextrakt. Mangan gilt als relativ ungiftig, weshalb nur chronische Intoxikationen bekannt sind, deren Erscheinungsbild weitestgehend denen des Morbus Parkinson entspricht: Unsicherer, kleinschrittiger und gebückter Gang, generelle Verlangsamung, nach rechts kleiner werdende Schrift, Muskelstarre auch im mimischen Bereich, Tremor (kleinschlägiges Muskelzittern), emotionale Instabilität, Wahnideen und Zwangshandlungen, Depressionen.

Bergarbeiter gelten als besonders gefährdet.

Auch Alkohol steigert die Resorption, aber auch die Manganspeicherung in der Leber.

Molybdän

Von Pflanzen ist bekannt, dass sie Molybdän zur Stickstoffbindung benötigen und Stickstoff benötigen sie zum Eiweißaufbau. Wird ihnen Molybdän in unzureichender Menge zugeführt, so reagieren sie mit eingerollten Blättern und Blattabwurf; Früchte und Samenstände werden nicht ausgebildet.

Im Falle eines Mangels ist auch beim Menschen die Fruchtbarkeit in Frage gestellt, man vermutet sogar eine höhere Krebsanfälligkeit, was derzeit noch nicht gesichert ist, aber auch nicht unwahrscheinlich erscheint. Karies tritt in Regionen mit wenig Fluor, dafür aber viel Molybdän weniger auf. Auch bei der Speicherung von Fluor scheint Molybdän eine Rolle zu spielen.

Molybdän spielt in einigen Enzymsystemen eine wichtige Rolle, so bei der Umwandlung von in der Nahrung enthaltenem Stickstoff in Ammoniak. Eine weitere Aufgabe erfüllt es bei der Umwandlung von Aldehyden zu Säuren. Ferner aktiviert es Xanthinoxydase, ein Enzym, das die Harnsäurebildung initiert. Molybdänvergiftungen gehen immer mit übermäßiger Harnsäureausfällung einher und können mitunter bei Weidetieren in molybdänreichen Regionen beobachtet werden (Neuseeland, Kalifornien und im Schweizer Engadin). Auch in Armenien wurden Häufungen von Gichtbefall der Einwohner beobachtet, die im Zusammenhang mit reichen Molybdänvorkommen im Boden stehen.

Tiere, die zuviel Molybdän aufnahmen, wiesen eine kupferarme Leber auf. Auch Menschen, die an schweren Erkrankungen von Leber und Bauchspeicheldrüse leiden, weisen erhöhte Molybdänwerte im Blutserum auf.

Bei Morbus-Crohn-Patienten, die aufgrund einer chronischen Darmzündung, ein sehr vielschichtiges und schwer zu behandelndes Beschwerdebild aufweisen, führten Gaben von Ammoniummolybdat zur Verbesserung (J.D.Bodgen).

Reiche Vorkommen dieses Spurenelementes finden sich in Hülsenfrüchten und Weizenkeimen sowie Vollkorn und Vollkornprodukten, Gemüse, Kartoffeln, Mais, einigen Nussarten, aber auch in Bier und Bierhefe.

Während Fisch und Käse recht wenig davon enthalten, finden sich in Huhn, Hühnereiern und einigen Innereien hohe Konzentrationen.

Nickel

Während bei vielen Spurenelementen bereits geklärt wurde, ob sie zum Kreis der „essenziellen" gehören oder nicht, ist die Beantwortung dieser Frage bei Nickel noch offen.

Es gilt jedoch als aussichtsreicher Kandidat. Möglicherweise trägt es dazu bei, Nukleinsäuren zu stabilisieren.

Auch beim Kohlehydrat- und Aminosäurenstoffwechsel vermutet man seine Beteiligung.

Da Patienten mit chronischer Harnvergiftung (Urämie) oder Leberzirrhose eine niedrige Nickel-Konzentration im Blut aufwiesen, vermutet man im Umkehrschluss, dass der längerfristige Mineralmangel auch die Entstehung dieser Krankheiten begünstigt.

Bei Tieren wurden Wachstumsbeeinträchtigungen, Störungen der Blutbildung (Anämie) und eine verzögerte Wundheilung beschrieben.

Ni dämpft den Adrenalinausstoß, ist an der Blutgerinnung beteiligt und sowohl im Insulin als auch im Vasopressin nachweisbar. Letzteres ist ein Hormon, das auf die Wasserausscheidung einen hemmenden Einfluss ausübt. Das Nichteisen-Metall Nickel wird in allen Organen gespeichert.

Kalzium, die Vitamine C und E, aber auch Pektine wirken antagonistisch.

Besonders reich an Nickel im Bereich der pflanzlichen Nahrungsmittel ist die Pekannuß mit einem Gehalt von 1500 Mikrogramm /100g. Gefolgt von Kakao, Sojabohnen, schwarzem Tee, Cashewnüssen und Bierhefe. Auch Hülsenfrüchte, Vollkorn, gerösteter Kaffee, Kartoffeln und Senfsamen enthalten noch beachtliche Mengen.

Bei den Nahrungsmitteln tierischer Herkunft ist der Bückling mit 170 Mikrogramm/100g der gehaltvollste Vertreter, ihm folgt die Auster und etwas abgeschlagen der Edamer Käse.

Schon vor über zwanzig Jahren wurde die industrielle Nickelkontamination als „im bedenklichen Toleranzbereich " eingestuft.

Die Nickelallergie ist weit verbreitet, da sehr viele Gebrauchsgegenstände Nickel enthalten.

Durch den Kontakt mit der bloßen Haut (Modeschmuck, Uhrenarmbänder und Jeansknöpfe) können die unangenehmen Kontaktallergien entstehen. Auch die seit 1993 in Kraft befindliche Nickel-Kennzeichnungspflicht hat daran nicht viel geändert. Kochgeschirr aus Edelstahl stand auch mehrfach im Verdacht, besonders an saure und salzhaltige Speisen Nickelspuren abzugeben und auch, wenn diesbezügliche Studien diese Annahme zu widerlegen scheinen, raten etliche Heilpraktiker zur Verwendung emaillierter Töpfe, da hier die geringsten Veränderungen an den zubereiteten Lebensmitteln nachzuweisen waren.

Lt. NRC (nationaler Forschungsrat) der USA sind ständig steigende Nickelkonzentrationen in unserer Atemluft zu verzeichnen, weshalb Nickel als möglicher Krebserreger nicht unbeachtet bleiben sollte. Neben der Luftverschmutzung durch fossile Brennstoffe steigen auch die Konzentrationen in Boden und Wasser.

Selen

Zumindest seit den ersten öffentlichen Diskussionen über „freie Radikale", weiß ein jeder:

Selen gilt als d a s Mineral für den Zellschutz.

Selen trägt – ähnlich wie Schwefel – zur Entgiftung der Zellen bei. Ein hoher Selenverbrauch findet sich in Schild- und Keimdrüsen, den Nieren, Zellorganellen der Leberzelle und den roten Blutkörperchen, deren Stoffwechsel es beeinflusst.

Schätzungsweise nehmen in Deutschland rund 80 % der Bevölkerung zu wenig Selen[29] ein.

An gesundheitlichen Problemen, die im Zusammenhang mit einem Mangel an diesem Spurenelement auftreten, fallen besonders Herzerkrankungen ins Auge. Die Bandbreite der Beschwerden reicht von Rhythmusstörungen bis zur Herzinsuffizienz einschließlich Herzinfarkt. Eine akute Verlaufsform wurde als Selenmangelkrankheit in China beschrieben. 1974 trat diese Form der Mangelernährung vorzugsweise bei Kindern und jungen Frauen auf und endete nach wenigen Tagen zumeist tödlich mit einem kardiogenen Schock.[30] Tiere, denen Selen in der Nahrung vorenthalten wurde wiesen Muskelschwund, Leberschäden und Myokardfibrose (eine bindegewebige Umstrukturierung der Herzmuskelfaser, die zur Funktionseinschränkung führt, ein Phänomen, das als „Porzellanherz" bekannt ist) auf.

---

29 nach O. Oster

30 Dieses als „Keshan-Krankheit" bekannt gewordene Syndrom wird vermutlich noch durch Vitamin- E- Mangel verstärkt

Auch im Falle des Selens lassen sich Wechselwirkungen mit anderen Stoffen nachweisen. Wahrscheinlich besteht eine zu Schwefel, ganz sicher trägt es zur besseren Verwertung von hochungesättigten Fettsäuren und der Aminosäure Cystein bei und verstärkte die Wirksamkeit von Vitamin E (siehe unten).

Neben dem Magnesium gehören auch Kalzium, Jod, Chrom und nicht zuletzt Selen zu den Mineralstoffen, denen man die Wirkung natürlicher „Fatburner" nachsagt.

Die dem Selen außerdem zugeschriebene „Antikrebs-Wirkung" resultiert einerseits auf der unterstützenden Funktion beim Einbau von hochungesättigten Fettsäuren in die Zellmembran – wodurch die Sauerstoffdurchlässigkeit gefördert wird – und andererseits dem Entgegenwirken der Zellzerstörung durch Peroxydation.

Bei Mast- und Dickdarmkrebs fanden sich immer erniedrigte Selenwerte.

Eine Schwächung der Leber (Organ der Blutbildung) führt zu verschiedenen Störungen der Blutbildung (besonders einem forcierter Zerfall von roten Blutkörperchen), sowie einer generellen Abwehrschwäche. Die auch festgestellte Erhöhung des Cholesterinspiegels trägt, wie auch durch Se-Mangel bedingter Bluthochdruck zur Entstehung oder Verschlechterung bestehender Herzkrankheiten bei.

Das in den letzten Jahren häufig thematisierte wesentlich geringere Brustkrebsrisiko asiatischer Frauen ist mit großer Wahrscheinlichkeit auch im Zusammenhang mit einer anderen Nahrungszusammensetzung zu sehen: Neben Soja (und anderen Bohnen) werden in Asien Getreidesorten und Fisch bevorzugt.

Der Selengehalt traditioneller asiatischer Nahrung ist bis zu viermal höher als beispielsweise im US-amerikanischen Raum, wobei man nicht vergessen darf, dass amerikanische und kanadische Getreide- und Brotsorten wesentlich selenreicher sind als deutsche.

Dementsprechend hoch ist auch die Unterversorgung in Deutschland.

Sollten Sie jetzt den Wunsch haben, Ihren Selenspiegel über geeignete Nahrungsmittel auszugleichen, so stehen Ihnen neben Knoblauch, Spargel, Wurzelgemüse auch Reis, Leinsamen, Sojabohnen, Sonnenblumenkerne, Hülsenfrüchte, Hefe, Weizenkeime, Datteln und Nüsse (besonders Paranüsse) zur Verfügung.

Neben Fischen weisen Eier und Schweinenieren einen hohen Selengehalt auf. Da Schweinefleisch jedoch generell als minderwertig gilt, wird es hier nur der Vollständigkeit halber und nicht als Ernährungsempfehlung aufgeführt.

Auch bei pflanzlichen Produkten gilt zu bedenken, dass die Böden regional einen sehr schwankenden Gehalt an Selen aufweisen.

Der an Schwefelverbindungen reiche saure Regen führt zu einer Verarmung der

Nahrung an Selen, da Schwefel von Pflanzen bevorzugt aufgenommen wird. Auch Schwermetalle führen Selen in eine inaktive Form über. Aus diesem Grunde sind Produkte, die aus biologischer Düngung hervorgingen, zu bevorzugen.

Silizium

Als Silikat findet sich Silizium in Granit, Glimmer und Quarz. Unter den Elementen der Erdkruste ist es das Zweithäufigste und auch im menschlichen Körper ist es reichlich vertreten. Silizium wird als äußerst wichtig für den gesamten Bindegewebsstoffwechsel angesehen. Häufige Verwendung findet Kieselsäure oder Kieselerde in Präparaten, die dem Aufbau von Haut, Haaren und Nägeln dienen sollen. Eine Verbesserung der körpereigenen Abwehrfunktionen kann vielleicht auf die „Drüsenwirksamkeit" von Silizium zurückgeführt werden. In der Naturheilkunde erfolgten Silizium- oder Siliceagaben[31], um Drüsenschwellungen (auch der Mandeln) entgegenzuwirken.

Silizium reagiert mit anderen Stoffen, wie z.B. Aluminium. Hier vermag es die Bioverfügbarkeit zu senken, was für Menschen, die eine hohe Aluminiumbelastung aufweisen, vorteilhaft sein kann (Natriumsilikat-Studie v. J. A. Edwardson). Da auch innerhalb der Alzheimerdiskussion eine Gruppierung davon ausgeht, dass Aluminium in höheren Konzentrationen, das als Ablagerung im Gehirn Betroffener gefunden wurde, für die gesamte Symptomatik verantwortlich sein könnte, ist das ein interessanter Ansatz[32].

Wie bereits im Kapitel über Kalzium dargestellt, ist Silizium unerlässlich für eine stabile Knochenstruktur (auch hier gibt es Analogien zum Pflanzenreich: Bereits 1939 entdeckten Forscher, dass Si deren Stützgewebe festigt und dass Pflanzen, die einen größeren Siliziumanteil in ihre äußeren Zellschichten einlagern konnten, weitaus resistenter gegen Schädlinge und Krankheiten waren als andere).

Nicht nur für den Bindegewebsstoffwechsel, sondern durch den bindegewebigen Grundstoff auch für den Knochenaufbau und für den Gelenkknorpel ist Silizium ein „Stabilisator".

Betrachtet man rheumatische Erkrankungen unter dem Aspekt des „verschlackten Bindegewebes", wird deutlich wie wichtig ein funktionstüchtiges Bindegewebe für elementare Ernährungsfunktionen innerhalb des Körpers ist.

Sollte es Sie jetzt verwundern, dass Empfehlungen zur Einnahme von Kiesel e r d e gegeben werden, bei einer gleichzeitigen Information zur Unverwertbarkeit von mineralischen Erden, so lassen Sie mich auf die biologische Herkunft von Terra

---

31 Silicea ist ein homöopathisches Funktionsmittel, das auch im Extrateil zum Thema der biochemischen Schüßlersalze bezüglich seiner Wirkspezifik näher besprochen wird.

32 Ungeklärt ist bislang, ob es sich dabei wirklich um zu Lebzeiten erfolgte Ablagerungen handelt, oder ob diese „post mortem" erfolgten; als Ergebnis eines noch nicht vollständig abgeschlossenen Gehirnstoffwechselprozesses.

silicea verweisen. Dieses, auch unter dem Namen Diatomeenerde bekannte, Substrat besteht zu 98 % aus Siliziumdioxid aus den Panzern von Kieselalgen. Beenden diese ihren Lebenszyklus, sinken die Stützgerüste auf den Boden, wo sie Ablagerungen bilden (u.a. Kieselgurlager der Lüneburger Heide).

Neben Kieselalgen enthalten auch etliche Lebensmittel wie Hirse, Hafer, Gerste, Kartoffeln und Pektin Silizium.

Ackerschachtelhalm (Zinnkraut) wird in der Tierheilkunde gerne federfressenden Papageien gegeben, da „rupfen" häufig ein Indiz für Mineralstoffmangel ist[33]. Auch bei Nagern ist der Ackerschachtelhalm sehr beliebt (bitte im Vorfeld informieren, da es auch giftige Schachtelhalmvarianten gibt, die optisch aber gut zu unterscheiden sind). Als Tee ist Schachtelhalm auch für den menschlichen Genuss geeignet und als reinigende Frühjahrskur seit alters her bekannt. In neuerer Zeit findet man Schachtelhalm auch als Bestandteil von entschlackenden Anti-Cellulite-Cremes.

Eine Silizium-Überversorgung ist nicht bekannt. Siliziumhaltige Feinstäube, die im Bergbau, aber auch der keramischen Industrie anfallen führen bei längerfristiger Einatmung zur „Silikose" genannten Staublunge und in der Folge zur „Fibrose"- einer krankhaften Vermehrung der bindegewebigen Fasern. Die generelle Affinität zur Lunge wird aber auch im positiven Sinne genutzt, da Tuberkulosepatienten über eine verminderte Speicherfähigkeit für Silizium in der Lunge verfügen, setzt man Si auch zur Abkapselung von Tuberkelherden ein.

Übrigens sind Vegetarier sind gegenüber den Fleischköstlern eindeutig im Vorteil – sie verfügen über die größeren Silizium-Depots.

Vanadium

Vanadium gehört zu den wenig erforschten Spurenelementen; über die physiologische Bedeutung lässt sich bislang nur mutmaßen.

Alle diesbezüglichen Angaben beziehen sich auf Tierexperimente. Als gesichert gilt der Einfluss auf den Zahnschmelz, eine hemmende Wirkung in Bezug auf die Cholesterinbiosynthese und eine Steigerung der Herzdurchblutung, was für Patienten mit Koronarer Herzkrankheit bedeutsam sein könnte. Interessant scheint ferner der blutzuckersenkende Effekt, den israelische Wissenschaftler bei an Diabetes erkrankten Ratten feststellten. Bereits nach wenigen Tagen konnte eine Absenkung des Nüchternblutzuckers in den Normbereich beobachtet werden (Shechter, Farfel vom Weizmann-Institut in Rehovot).

Der Wirkmechanismus des Vanadiums scheint in anderen Stoffwechselbereichen einzugreifen als Insulin. Eine kleine Sensation, die der weiteren Erforschung harrt.

---

33 Ähnliches gilt auch für Vogelknöterich und Lungenkraut.

Für etliche Enzymreaktionen ist Vanadium mit Sicherheit unerlässlich, eine direkte Unterversorgung wurde noch nicht beschrieben.

Allerdings sind die möglichen negativen Effekte nicht zu vernachlässigen. Ein zuviel an Vanadium sorgt bei Metallarbeitern in der Stahlindustrie oder Kupferverhüttung zu Bindehautentzündung, Husten, Schnupfen, Durchfällen und Muskelzittern bis hin zu Krämpfen der Bronchialmuskulatur, Atemnot und Herzrhythmusstörungen (beobachtet nach Staubinhalation). Mit Vitamin- C-Gaben versucht man im Vergiftungsfall, diesen Beschwerden zu begegnen.

Dieses essentielle Schwermetall tritt in Spuren in Maiskeim- und Sojabohnenöl, auch – aber in geringerem Maße - in Erdnuss- und Sonnenblumenöl, Getreide, Hülsenfrüchten, Melasse sowie Süßwasseralgen auf.

Zink

Zink ist sicher vielen von Ihnen schon als Inhaltsstoff von Salben oder Pasten für die Hautpflege begegnet. Auch innerlich eingenommen wirkt Zink auf Haut, Haare und Fingernägel. In früheren Zeiten war Zink unverzichtbarer Bestandteil medizinischer Hautsalben für eine beschleunigte Wundheilung.

Ebenfalls bekannt ist vielleicht auch die Bedeutung von Zink für Fortpflanzung und Fruchtbarkeit, weshalb zinkhaltige Nahrungsmittel auch gern als Aphrodisiaka eingesetzt werden (Austern sind natürliche „Zinkbomben"). Zink beeinflusst die Bildung von Sexualhormonen und ein Mangel vermindert sehr wahrscheinlich die Keimdrüsenhormonausschüttung und greift damit in den Sexualhaushalt ein.

Von der Erbkrankheit Akrodermatitis enteropathica (einer Zinkresorptionsstörung) ist bekannt, dass sie neben Problemen mit Haut, Haar und Nägeln auch entzündliche Prozesse im Schleimhautbereich und eine verzögerte Geschlechtsreife mit sich bringt.

Ein Großteil des im menschlichen Körpers befindlichen Zinks ist in den Knochen, der Haut, den Haaren und der Muskulatur anzutreffen. Die Bauchspeicheldrüse, Keimdrüsen, Prostata, Thymus- und Hirnanhangdrüse wie auch die Leber weisen reichlich Zink auf und Sperma ist die zinkhaltigste Körperflüssigkeit.

Die in neuerer Zeit beklagte zunehmende Verschlechterung der Spermienqualität ist sicherlich, zumindest teilweise, auch in der ungenügenden Versorgung mit Zink zu sehen.

Außerdem werden etwa 300 Enzyme durch Zink aktiviert, der Aminosäurenstoffwechsel wird durch Zink ebenso beeinflusst wie die Bildung von sämtlichen Hormonen. Eine ähnlich große Auswirkung auf Enzyme und deren Tätigkeit finden wir höchstens noch beim Magnesium.

Zink dient dem Zellschutz (wie auch Selen und Mangan), indem die antioxidativen Enzyme als „Radikalenfänger" auftreten. Freie Radikale werden als Auslöser sehr unterschiedlicher Krankheitsbilder angesehen, spielen mit großer Wahrscheinlichkeit eine Rolle bei der Entstehung von Herz-Kreislauf-Erkrankungen, wie auch dem gesamten rheumatischen

Formenkreis (einschließlich der Autoimmunerkrankungen) und Krebs. Führt man sich vor Augen, dass Parkinson mit angegriffenen Nervenzellen und senile Demenz vom Alzheimer-Typus mit geschädigten Hirnzellen einhergehen, so ist auch hier der negative Einfluss der Freien Radikalen nicht zu übersehen. Auf der Ebene der Sinnenorgane werden Augenerkrankungen mit ihnen in Verbindung gebracht (Zn beeinflusst auch das Dämmerungssehen).

Die Vitamine C, E und Beta-Karotin wirken synergistisch gegen oxydativen Stress. Zink seinerseits unterstützt den Einbau von Vitamin A in die Netzhaut, sorgt aber auch für eine verstärkte Ausscheidung von Eisen und Kupfer. Wenn wir die enorme Bedeutung für den Eiweißaufbau (egal ob es sich dabei um Zellen innerhalb des Immunsystems oder für den Muskelaufbau u.s.w. handelt) berücksichtigen, wird auch sehr schnell klar, wie wichtig dieses Spurenelement für den heranwachsenden Organismus ist. Gestillte Babys weisen einen wesentlichen höheren Zinkgehalt im Körper auf, als die mit Kuhmilch genährten und das selbst dann, wenn der Zinkgehalt der Muttermilch über die Monate hin absank. Diese Babys hatten also in mehrfacher Hinsicht einen besseren Start ins Leben.

Erstmals als Mangel an Zink definiert wurden Symptome, die sich bei kleinwüchsigen Ägyptern und Iranern nachweisen ließen und zu denen neben Anämie auch eine vergrößerte Leber und atrophierte Hoden gehörten (Dr. A.S. Prasad, Wayne University, Detroit, USA).

Interessanterweise nahmen die Betroffenen über ihre traditionelle Nahrung (Getreide und Bohnen) reichlich Zink auf, zugleich aber auch den Stoff, der die Resorption verhinderte – die im Getreide vorkommende Phytinsäure. Diese Säure geht mit dem Zink eine unlösliche Verbindung ein (Zinkphytat) und kann dadurch nicht aufgespalten werden.

In westlichen Brotsorten ist der Phytingehalt wesentlich geringer. Bei kleinwüchsigen Jugendlichen konnte durch Zinkzufuhr das Längenwachstum angeregt werden.

Berücksichtigt man den Wert von Zink für die gesamte Hormonproduktion, so kann das Auftreten psychischer Störungen beim Mangelsyndrom nicht groß verwundern. Erregbarkeit aber auch Teilnahmslosigkeit bis hin zur Depression wurden beobachtet. (Es existieren mittlerweile einige Studien die Zusammenhänge zwischen Testosteronmangel und dem Ausbruch einer Depression – zumindest bei Männern – nachweisen.)

So trägt der Mangel an Zink auch zu einer erhöhten Anfälligkeit für Infektionen aller Art bei, denn die Ausreifung der T-Lymphozyten wird verhindert und die Produktion von Antikörpern stark eingeschränkt.

Diabetiker benötigen größere Mengen an Zink in guter Bioverfügbarkeit (Naturheilkunde 10/99 S.72).

Da Zink die Insulinwirkung erhöht, kann eventuell die Insulinmenge gemindert werden – umgekehrt hemmt Zinkmangel jedoch auch die Wirkung des Insulins und kann einen bestehenden Diabetes deutlich verschlechtern. Diabetiker vom Typ II (der „erworbenen" Form) leiden an einer chronischen Stoffwechselstörung, bei der auch Mineralimbalancen eine große Rolle spielen. Die Zuckerverwertung wird maßgeblich durch Chrom, Mangan, Magnesium, Molybdän, Vanadium und Zink beeinflusst.

Neuere Studien ergaben, dass synthetische Hormone auch Zinkmangel verursachen und das sogar noch bei den nachfolgenden Generationen; neben genetischen Defekten fand sich bei betroffenen Kindern auch eine erhöhte Infektanfälligkeit.

Vollkorn, auch die Keime und Vollkornbrot, Nüsse, Meeresfrüchte und von den Hülsenfrüchten die Erbsen enthalten reichlich Zink. Alkohol vermindert die Zinkresorption.

Zinn

Auch Zinn (Sn) gehört zu den Elementen, die in eher negativen Zusammenhängen genannt wurden, erinnert sei an den zu hohen Zinngehalt in aus Weißblech gefertigten Konservendosen. Grundsätzlich scheinen Vergiftungen eher selten aufzutreten, da Zinn vom Körper schlecht resorbiert werden kann.

Eine akute Vergiftung kann sich in unspezifischen Symptomen wie Kopf- und

Magenschmerzen, Übelkeit bis zum Erbrechen, Durchfällen und einem metallischen Geschmack im Mund äußern.

Als hochgiftig gelten Organozinnverbindungen (Stabilisatoren, Desinfektionsmittel, Fungizide), die bei Hautkontakt Verätzungen hervorrufen, bei oraler Aufnahme neben den oben genannten Symptomen auch Sehstörungen, Lichtscheu, psychische Auffälligkeiten und Gewichtsabnahme in Verbindung mit Lähmungserscheinungen und Krampfbereitschaft zur Folge haben können.

Vergiftungen durch Konserven kommen heute eher selten vor, da diese meist inwendig lackiert oder beschichtet sind oder aus einem generell ungefährlichen Material bestehen.

Finden Sie jedoch eine Konservendose, deren innere Beschichtung sich bereits gelöst hat, so werfen Sie deren Inhalt lieber fort.

Grundsätzlich sollte Konservennahrung die absolute Ausnahme und nicht die Regel sein.

Im Allgemeinen füllt man den Inhalt sofort nach dem Öffnen in ein anderes Gefäß um, weist die Dose dann eine dunkelgraue Färbung auf, so ist auch dies ein Hinweis auf freigewordenes Zinn. Bestimmte leicht säuerliche Lebensmittel und solche mit einem höheren Nitratgehalt nehmen mehr Zinn auf als andere, und längere Zeit im Kühlschrank aufbewahrte geöffnete Dosen weisen ebenfalls einen Anstieg des Zinngehaltes auf.

Die Länge der Lagerung, die dabei herrschenden Temperaturen, der ph-Wert, aber auch eine eventuell erfolgte Luftzufuhr üben Einfluss auf die Höhe der Zinnkonzentration aus.

Trotz der vielfältigen negativen Auswirkungen bedeutet das nicht, dass Zinn absolut verzichtbar für den Menschen ist. Als erwiesen gilt der Zinnreichtum der Haare, was vermuten lässt, dass Zinn hier eine zentrale Rolle beim Stoffwechsel und auch beim Haarwachstum spielt. Wahrscheinlich ist eine Wirkung auf die Talgdrüsen, zumindest eine Beteiligung am Eiweißaufbau und auch wenigstens ein zinnhaltiges Hormon ist bekannt.

Dieses Hormon (Gastrin) ist an der Salzsäureproduktion, sowie der Absonderung von Pepsin und Pankreassaft (Pankreatin) beteiligt und regt die Muskulatur von Magen und Darm zu Kontraktionen an. Antike Ärzte setzten Zinn gegen Tuberkulose ein. Homöopathen wenden es auch heute noch bei bestimmten Atemwegserkrankungen an.

Viele Spurenelemente stehen erst am Beginn ihrer systematischen Erforschung. So vermutet man beispielsweise auch bei Platin eine Schutzwirkung vor Krebs. In den frühen 90er Jahren wurden auf Heilpraktikerkongressen die möglichen leistungssteigernden Effekte vieler noch weitgehend unerforschter Mineralstoffe beschworen. Dem weitgehend un-beachteten Aluminium wurde beispielsweise eine große Zukunft als „natürliches Dopingmittel" prophezeit.

Bedenken Sie auch hierbei wieder, wie wichtig die gesamte körperliche und geistig-seelische Befindlichkeit ist: Kleine Ursachen entfalten eine große Wirkung, wenn sie sich potenzieren.

So stellte der Münchner Professor Gustav Drasch bei seinen mit Candida albicans befallenen Patienten eine extrem hohe Schwermetallbelastung fest (Quecksilber, Amalgam). Allerdings werden die Schwermetalle durch Candida gebunden und auf natürlichem Wege ausgeschieden. Da Sie diesen Effekt aber auch mit der Einnahme von Spirulina und Chlorella erzielen können und Candida albicans zu den pathogenen Hefe-Pilzen gehört, sollte man über einen eventuellen positiven Befund nicht allzu erfreut sein.

Nachdem wir uns so ausführlich mit Mengen- und Spurenelementen und ihren vielfältigen Wirkmechanismen innerhalb des Körpers beschäftigt haben, ist es nun an der Zeit, uns mit homöopathischen Wirkprinzipien auseinander zu setzen.

Wenn Sie sich einmal mehrere Bücher, die sich mit Mineralien befassen, zu Gemüte führen, werden Sie feststellen, dass viele Autoren im Zusammenhang mit der Wirkungsweise einzelner Stoffe, die entsprechenden homöopathischen Mittel aufführen. Das ist selbstverständlich ein sehr interessanter Ansatz. Da ich aber glaube, dass die Behandlung mit Homöopathika in die Hand eines entsprechend ausgebildeten Arztes gehört und sich nicht oder nur sehr bedingt zur Selbstmedikation eignet, möchte ich Ihnen eine vollwertige Alternative bieten: Die Biochemie nach Dr. W. H. Schüßler. Diese ist zwar keine grundsätzlich neue Behandlungsmethode - sie basiert auf homöopathischen Grundprinzipien und wurde bereits vor über einhundert Jahren entwickelt, erlangte jedoch nie die Akzeptanz oder auch nur den Bekanntheitsgrad der klassischen Homöopathie nach Samuel Hahnemann.

Erfreulicherweise erlebt sie zurzeit ein Revival.

Anhang: Biochemie nach Doktor Schüßler

Während die Homöopathie über 1.500 Mittel kennt und zum Einsatz bringt, die aus dem Mineral-, Pflanzen-, aber auch Tierreich stammen, begnügt sich die Biochemie nach Dr. Schüßler mit zwölf metallischen Salzen. Diese geringe Zahl ermöglicht bereits eine leichtere Überschaubarkeit und auch das Einprägen der Wirkspezifik gestaltet sich hier sicherlich einfacher. Zudem setzt die klassische Homöopathie auch eine sehr genaue Selbstdiagnose voraus - bekanntlich nicht die leichteste Aufgabe!

Die erfolgreiche Anwendung der Schüßler-Salze gelingt Ihnen auch bei einer symptomorientierten Form der Therapie – die ich Ihnen auch, zumindest für den Anfang, empfehlen möchte.

Später gibt es auch hier die Möglichkeit, bestimmte Konstitutionen zu erkennen und dementsprechend prophylaktisch zu arbeiten. Das setzt aber eine intensivere Beschäftigung mit der Thematik voraus. Da für die meisten Menschen eine Beseitigung der Krankheitssymptome im Vordergrund steht, reicht eine Kenntnis der Wirkungsweise und eine grobe Übersicht über die Haupteinsatzgebiete der Mineralsalze aus, um damit erfolgreich zu therapieren. Ausnahmsweise kann ich Ihnen sogar zum unbefangenen Experimentieren raten, da wir hier den positiven Aspekt der absoluten Unschädlichkeit verzeichnen können.

Das heißt im Klartext, selbst für den Fall, dass Sie das falsche Mittel gegriffen haben, ist keine negative Wirkung zu befürchten. (Das ist wesentlich mehr, als die meisten handelsüblichen, allopathischen Mittel für sich in Anspruch nehmen dürfen.)

Der Begriff „Biochemie" ist vielen von uns in modernerem Kontext geläufig. Er wurde jedoch von Dr. Schüßler übernommen, der damit zum Ausdruck bringen wollte, dass hier eine Einheit zwischen dem Leben als naturgegebenen Prozess und menschlichem Geist (dem Wissen um die Wirkungsweise der Elemente) angestrebt wurde.

Das Gute darin ist, dass die zwölf Mineralsalze[34] , die dem Therapeuten zur Verfügung stehen, sowohl natürlicherweise im menschlichen Organismus zu finden sind, als auch über die Nahrung zugeführt werden.

Das Ende des 19. Jahrhunderts war für die Medizin eine überaus fruchtbare Zeit, voll von bahnbrechenden Entdeckungen und Erfindungen. Einige von ihnen bildeten die Grundlage für die spätere Arbeit Schüßlers. Der bekannte Pathologe Rudolf Virchow entdeckte die Zelle als „kleinsten Baustein des Lebens" und der niederländische

---

34 Mineralsalze entstehen durch eine regelmäßige Anordnung von geladenen Atomen (Ionen). Beim Kochsalz wären das beispielsweise Chlor und Natrium.

Physiologe und Wissenschaftler Jakob Moleschott beschäftigte sich mit der Bedeutung von Mineralsalzen für die Funktion lebendiger Organismen.

Zu diesem Zwecke verbrannte Moleschott die unterschiedlichsten Körpergewebe und analysierte die veraschten Rückstände. Dabei fand er heraus, dass nicht alle Zellverbände gleich aufgebaut sind, jedoch Gemeinsamkeiten zwischen tierischen und menschlichen Geweben bestehen. So wie Blut immer Eisen enthält und Speichel immer Chlorkalium, ist auch im Muskelgewebe immer Kalium mit Magnesiumphosphat vergesellschaftet.

Wenn also in unterschiedlichen Organen unterschiedliche Mineralien vorherrschen, muss das Verhältnis zwischen diesen innerhalb des Zellverbandes im Gleichgewicht sein – treten größere mengenmäßige Verschiebungen auf, so kann man davon ausgehen, dass der Boden für eine Erkrankung bereitet ist.

Übertragen auf den Krankheitsfall bedeutet das aber auch, man kann nicht einfach die in einem Organ vorherrschenden Mineralien in größeren Mengen zuführen, in der Annahme, dass gerade diese im Krankheitsfall fehlen werden. Wichtig ist auch, die bislang in ihrer Funktionsfähigkeit noch nicht eingeschränkten, d.h. „gesunden" Zellen nicht zu schädigen.

Hier setzt nun der revolutionäre Denkansatz des Dr. Schüßler an. Bedingt durch seine über zwanzigjährige Erfahrung mit der Homöopathie ging er dazu über zu erforschen, wie weit Mineralsalze verdünnbar sind, um wirksam zu bleiben und zwar nur dort, wo dieser Effekt vonnöten ist.

Kurz: Es sollten Fehlfunktionen des Körpers normalisiert, angeregt (reguliert) oder überhaupt erst wieder ermöglicht werden.

Im Gegensatz zu den ursprünglichen Mineralstoffen haben wir hier also wirkliche Heilmittel, die wesentlich mehr bewirken können als ihre Ausgangsstoffe.

Für Dr. Schüßler stellte sich jetzt das Problem, das entsprechende Mineralsalz in die erkrankten Zellen einzuschleusen, wobei die schützende Zellmembran durchdrungen werden musste. Mittels homöopathischer Potenzierung (vielfacher Verdünnung) gelingt es jedoch, Substanzen so fein zu verteilen, dass sie in jede Zelle eindringen können. Dabei bleibt die „Information", also die Botschaft, die eine bestimmte Substanz überbringt, erhalten, auch wenn sich nur äußerst geringe oder im Falle der klassischen Hochpotenzen[35] - gar keine – materiellen Spuren des Urstoffes mehr nachweisen lassen.

Erste Versuche bei Patienten mit schmerzhaften Muskelkrämpfen erbrachten sehr positive Ergebnisse – nach der Einnahme von Magnesium phosphoricum klangen die Beschwerden innerhalb von Minuten ab. Auch hierbei zeigt sich ein für die

---

[35] Ein Argument der Schulmedizin gegen die Homöopathie lautet: Jenseits der Loschmidtschen- Zahl, die die Zahl der Moleküle pro mol definiert (6,023 x 10 hoch 23), könne nichts Materielles nachgewiesen werden – folglich wäre auch keine Wirkung zu erwarten. Mit diesen Hochpotenzen arbeitet die Biochemie nach Dr. Schüßler nicht. Die gängige Darreichungsform ist die D 6; bei einigen Mitteln, die besonders bei akuten Problemen zum Einsatz kommen, die D 12.

Betroffenen äußerst vorteilhafter Unterschied zur klassischen Homöopathie. Diese zeichnet sich zwar auch durch eine gute Verträglichkeit aus, jedoch halten sich die Beschwerden sehr hartnäckig, mitunter kommt es gar zu einer „Erstverschlimmerung" und auch mit dem momentanen Krankheitsgeschehen nicht in Verbindung stehende Beschwerdebilder können sich erneut bemerkbar machen.

Der Körper gesundet praktisch „rückwärts gerichtet", indem er alle Symptome, die zwischen der ursprünglich gesunden Zelle bis zum jetzigen Zeitpunkt standen, noch einmal durchlebt.

Danach ist seine Gesundheit aber auch eine wesentlich stabilere als die des allopathisch behandelten Patienten, bei dem nur aktuelle Symptome bekämpft werden, und das mit Mitteln, die den Boden für künftige Erkrankungen oft erst bereiten.

Die Mittel:

Name		Potenz	Einsatzgebiete
Nr. 1	Calzium fluoratum	D 12	bei Problemen mit Haut, Haar und Knochen
Nr. 2	Calzium phosphoricum	D 6	unterstützend bei Heilungs- und Wachstumsprozessen
Nr. 3	Ferrum phosphoricum	D 12	für entzündliche Erkrankungen oder bei Verletzungen
Nr. 4	Kalium chloratum	D 6	gegen Schleimhautverletzungen
Nr. 5	Kalium phosphoricum	D 6	stabilisiert Muskeln und Gelenke
Nr. 6	Kalium sulfuricum	D 6	bei chronisch-entzündlichen, sowie Hauterkrankungen
Nr. 7	Magnesium phosphoricum	D 6	wirksam gegen Schmerzen und Krämpfe
Nr. 8	Natrium chloratum	D 6	reguliert den Flüssigkeitshaushalt
Nr. 9	Natrium phosphoricum	D 6	normalisiert den Stoffwechsel
Nr. 10	Natrium sulfuricum	D 6	regt die Ausscheidung an/ begleitend zur Entgiftung
Nr. 11	Silicea	D 12	zum Aufbau von Sehnen, Knorpeln, Knochen
Nr. 12	Calzium sulfuricum	D 6	sorgt für den Eiterabfluss

Die Nr. 12 nimmt eine Sonderstellung ein, da Dr. Schüßler, der Zeit seines Lebens auf eine möglichst kleine Anzahl therapeutischer Mittel Wert legte, die Ansicht vertrat, dass alle zu erzielenden Erfolge auch von den übrigen Mitteln erreicht werden könnten.

Seine medizinischen Nachfahren fanden jedoch heraus, dass Nr. 12 bei eitrigen Erkrankungen, Lymphknotenentzündungen, sowie Lebererkrankungen besonders wirksam ist und nahmen es wieder auf.

Beachten Sie bitte die Potenzierung! Wenn Sie nichts anderes verlangen, erhalten Sie gewöhnlich ein Mittel in „D 6". Bei drei Schüßlersalzen finden Sie jedoch auch höhere Potenzen. Was bedeutet, dass trotz stärkerer Verdünnung eine intensivere Wirkung zu verzeichnen ist.

Nr. 1 und Nr. 11 sind von so elementarer Bedeutung für den menschlichen Körper, dass hier eine höhere Potenzierung sinnvoll ist. Nr. 3 hingegen ist das Mittel für akute

Erkrankungen (wobei es keine Rolle spielt, ob es sich dabei um eine Infektion oder eine Verletzung handelt), da hier die Befindlichkeitsstörungen im Vordergrund stehen. Nach meinen Erfahrungen verschwinden selbst stärkste Schmerzen infolge von Frakturen binnen Minuten nach der Einnahme.

Zur Einnahme:

Hier ist es ratsam, zu experimentieren, zumal Sie ja nichts wirklich falsch machen können. Grundsätzlich ist es durchaus sinnvoll, auch bei Hautproblemen die Tablettenform zu wählen und keine der zwölf Heilsalben. Dr. Schüßler selbst arbeitete nur mit Tabletten, die man in aufgeweichter Form auch für Kompressen und Umschläge im direkten Wundgebiet verwenden kann.

Was die Menge der Tabletten anbelangt, so können Sie bis zum Abklingen der Beschwerden jeweils eine Tablette unter die Zunge legen und dort langsam zergehen lassen – das hat den Vorteil, dass die Wirkstoffe schon von der Mundschleimhaut aufgenommen werden und nicht im Magen durch die Säure beeinträchtigt. Für Berufstätige oder Menschen, die viel unterwegs sind, ist das sicher der gangbarste Weg. Ich persönlich bevorzuge die Einnahme mehrerer Tabletten (10) in einem Glas möglichst heißen Wassers, was zudem schluckweise und sehr langsam geschehen sollte. Diese Form der Anwendung wird übrigens in Indien, wo die Schüßlersalze sehr beliebt sind, ausschließlich praktiziert. Das biochemische Funktionsmittel Nr. 7 wird nur so eingenommen und deshalb als „die heiße 7" bezeichnet.

Merken Sie sich bitte auch, dass metallische Gegenstände während der Zubereitung eines Trunks nicht zum Einsatz kommen sollten, da die elektrostatische Bindung beeinträchtigt wird.

Es dürfen also weder Edelstahlbecher noch metallische Löffel benutzt werden.

Als Faustregel für die Einnahme gilt: Bei akuten Erkrankungen sofort und so häufig wie nötig, d.h. bis zum Abklingen der Beschwerden. Hier geht es primär um die Bekämpfung der häufig heftigen Schmerzen, wobei die Biochemie erstaunlich erfolgreich ist. Zugleich soll jedoch auch ein Heilreiz gesetzt werden. Erst danach erfolgt die kausale Therapie, also die Suche nach den Ursachen, wie z.B. eine verminderte Abwehrlage (Ferrum phosphoricum) oder ein entgleister Stoffwechsel (Natrium phosphoricum).

In der Akutphase können Sie alle paar Minuten oder viertelstündlich eine Tablette einnehmen und das über den Zeitraum einer Stunde; danach haben Sie Ihren Körper gewöhnlich soweit stabilisiert, die körpereigenen Abwehrmechanismen werden unterstützt, Selbstheilungskräfte angeregt. Alternativ dazu ist es natürlich auch möglich, 10 Tabletten in ein Glas mit heißem Wasser zu geben und sehr warm zu trinken.

Bei chronischen Erkrankungen geben Sie am besten Kindern bis zum schulpflichtigen Alter zwei- bis dreimal täglich eine Tablette und Erwachsenen genauso oft zwei. Selbst für Säuglinge sind die Schüßlersalze ungefährlich, jedoch sollte man die Tabletten (bis zwei pro Tag) zuerst zu einem Brei verrühren und dem Baby auf die Lippen geben.

Viele Stoffe entfalten ihre heilsame Wirkung nur im Zusammenspiel mit anderen. In den phytotherapeutisch ausgerichteten Kreisen der Naturheilkundler sorgte es für eine große Überraschung, als man feststellen musste, dass Wirkstoffe, mit deren Vorhandensein in manchen Pflanzen ein heilsamer Effekt begründet wurde

- nicht mehr die gleiche Wirkung aufwiesen, wenn der „gleiche" Stoff in synthetischer Form verwendet wurde

- ein Großteil der positiven Wirkungen nicht erzielt werden konnte, wenn ursprünglich natürliche Pflanzensäfte gereinigt und „Verunreinigungen", wie Schwebeteilchen und Schleimstoffe, entfernt wurden.

Denken Sie immer daran: Nur Pflanzen haben die Fähigkeit, anorganische Mineralstoffe (Kalzium, Natrium, Metallverbindungen etc.) nicht nur aus dem Boden aufzunehmen, sondern sie auch noch zu verstoffwechseln. Nachdem sie Mineralien über die Wurzel aufgenommen haben, lagern sie diese an Eiweiße an und dem menschlichen Organismus obliegt es bei der Zufuhr pflanzlicher Nahrung die Trennung zwischen Eiweiß und Mineral zu vollziehen.

Ein eindrucksvolles Beispiel für die Unfähigkeit des menschlichen Organismus, die gleiche Arbeit wie eine Pflanze zu verrichten, bieten Berichte aus den Zeiten chinesisch-japanischer Kriege, in denen verzweifelte Bauern geschildert werden, die aus Mangel an Nahrung versuchten, die als mineralstoffreich bekannte Erde zu essen: Sie starben unter jämmerlichen Qualen.

Zusammenfassung:

Mineralstoffe sind chemische Elemente, die in der Erde und allen lebenden Organismen in unterschiedlich hoher Konzentration vorkommen. Sie regulieren den Stoffwechsel und sind in der Lage, sich mit Enzymen, Eiweißen, Fettsäuren oder Vitaminen zu verbinden.

Essentielle Stoffe sind lebensnotwendig, können vom Körper jedoch nicht selbständig gebildet werden.

Mineralien können in anorganischer Form (z.B. als Kalziumcarbonat oder Kalziumsulfat in Mineralwasser) oder besser in organischer Form (bei unserem Beispiel: Kalzium in Verbindung mit Aminosäuren in der Nahrung) zugeführt werden. Zwar ist der Körper in der Lage, das Kalzium vom Sulfat zu lösen, letzteres wird mit seiner potentiellen Bindungsenergie jedoch zum „freien Radikal".

Während es die Aufgabe von Nahrung sein sollte, dem Körper Energie zuzuführen, benötigt dieser schon für die bloße Aufspaltung anorganischer Substanzen besonders viel davon.

Da unser Körper von Natur aus sehr ökonomisch ausgerichtet ist, werden anorganische Stoffe nur dann verarbeitet, wenn es absolut unerlässlich ist (ansonsten lagern sie unaufgespalten in den Blutgefäßen, dem Bindegewebe oder den Gelenken).

Die Zellmembran durchdringen können anorganische Mineralien nicht ohne weiteres. Viele der im Handel erhältlichen Präparate sind sinnlos (schuld daran sind Überdosierung und falsche Zusammensetzung).

Von den in den Multikomplexen angebotenen Mineralien können Sie vielleicht gerade einmal zwei Stoffe verwerten, da diese sich in der Wirkungsweise unterstützen und nicht behindern, der verbleibende Rest ist mehr oder minder „nutzloser Ballast". Stoffe, wie Carotinoide, Flavonoide, Phytosterine oder Terpene, die ihrerseits nützliche Funktionen im Zusammenspiel der einzelnen Elemente erfüllen, fehlen gewöhnlich. Falls Sie sehr viel Getreide (Frischkornmüsli) zu sich nehmen, sollten Sie bedenken, dass darin enthaltenes Phytin (ringförmig gebundener Phosphor) Mineralien binden kann, die somit nicht dem Körper zur Verfügung stehen, sondern als Phytinsalze ausgeschieden werden.

Deshalb muss man nicht auf die durchaus hochwertige Getreidekost verzichten, es reicht oft schon eine veränderte Form der Zubereitung aus, um den Phytingehalt zu minimieren. Das geschieht mittels Säure (der Zugabe von Zitrone, Molke, Joghurt), durch wässern oder darren. Bei einem regelmäßigen Verzehr von Vollgetreide verändert sich die menschliche Darmflora und bildet selbst die für die Phytinaufspaltung erforderliche Phytase (Petra Kühne, Ernährungswissenschaftlerin).

Die Ursachen für Stoffwechselstörungen sind vielfältig und sofern nicht angeboren, über Jahrzehnte hinweg entstanden.

Es ist sinnvoller, die Ursachen der Störung (Fehl- oder Mangelernährung) zu beseitigen, als mit der „schnellen Pilleneinnahme" einen langfristigen Lernprozess zu vermeiden.

Auch mit dem besten Willen, gesundheitsbewusst zu leben, kann die eine oder andere Fehlentscheidung getroffen werden. So gibt es seit Jahren den Trend, seitens der Pharmaindustrie, Kombipräparate - nach dem Motto: „Viel hilft viel" - auf den Markt zu bringen. Wenn Sie sich jedoch vor Augen führen, wie diffizil das Zusammenspiel einzelner Wirkstoffe ist, wird schnell klar, wer sich hier über positive Effekte freuen kann. So ist beispielsweise die Zitronensäure u.a. dafür bekannt, dass sie den Einbau von Kalzium ins Knochengewebe behindert und durch die Bindung von Hämoglobin, dessen Integration in die

roten Blutkörperchen (zumindest bei einer etwas höheren Dosierung), behindert.

Sollte bei Ihnen ein erhöhter Bedarf an bestimmten Substanzen festgestellt worden sein, achten Sie auf die gute Bioverfügbarkeit.

Die biochemischen Mittel nach Dr. Schüßler sind eine gute Möglichkeit, dafür Sorge zu tragen, dass aufgenommene Stoffe an den Ort gelangen, wo sie ihre Wirkung voll entfalten sollen.

Eine Schädigung des Körpers wird auch dann nicht auftreten, wenn Sie im Falle einer Selbstmedikation einmal das „falsche" Mittel wählen – schlimmstenfalls ist es wirkungslos.

Selbstverständlich sind die Schüßlersalze kein „Ersatz" für die eigentlichen Wirkstoffe; sie besitzen lediglich eine Vermittlerfunktion – diese kann jedoch über den Therapieerfolg entscheiden.

Weiterführende Literatur und Kontaktadressen

Zum Thema Mineralstoffe und Spurenelemente :

Dr. P.C.Bragg/ Dr. P. Bragg, Wasser das größte Gesundheitsgeheimnis (Verlag Waldthausen,1995)

Dr. M.O.Bruker, Osteoporose – Dichtung und Wahrheit (emu Verlag, 1994)

Heinz Scholz, Mineralstoffe und Spurenelemente (Thieme Verlag, Stuttgart, 1996)

Dr. med. Bodo Köhler, Osteoporose = Calcium-Mangel? Was ist dran an der These? (Co'Med 3/2002, S. 100 -101)

Dr. Köhler, Die Grundlagen des Lebens (Verlag Videel, 2. Auflage, 2001)

Dr. Köhler, Osteoporose aus ganzheitlicher Sicht (Co'Med 3/96)

H.J. Holtmeier, Das primäre und sekundäre Magnesiummangelsyndrom (G. Thieme Verlag, Stuttgart, 1968)

Dagmar Braunschweig-Pauli, Jod-Krank – der Jahrhundert-Irrtum (Dingfelder Verlag, 2000)

Ebenfalls im Dingfelder Verlag angekündigt:

Dagmar Braunschweig-Pauli, Jod-Empfindlich – Symptomatik – Erste Hilfe

Gerd E. Gmelin, „Jod-Frei" Einkaufen in Deutschland

Gerd E. Gmelin, "Jod-Frei" Essen gehen in Deutschland

Fluorfreie Zahncremes bieten u.a. die laverana GmbH und, speziell auf kindliche Geschmacksnerven abgestimmt, die Firma Dentinox an. Die Terra Natura Zahnpasta Biodent Basic ist zudem mit Stevia gesüßt, Ajona, ein Konzentrat ist mit homöopathischer Behandlung kompatibel – die Marke BioRepair relativ neu auf dem Markt

Walter Binder, Naturheilkundliches Ernährungsbrevier (Verlag für Naturmedizin und Bioenergetik, Deggendorf, 1978)

Biochemie nach Dr. Schüßler:

Dr. Günter Harnisch, Die Dr. Schüßler-Mineraltherapie – Selbstheilung und Lebenskraft (Turm Verlag, 2003)

Ulrich Rückert, Dr. Schüßlers Hausapotheke – Der wiederentdeckte Weg zur Gesundheit durch Bio-Minerale (Delphin Verlag, 1985)

Hersteller biochemischer Mittel:

u.a. Deutsche Homöopathische Union (DHU), Karlsruhe

INTABS, Internat. Akademie der Biochemie in 75177 Pforzheim, Hohenzollernstr. 24, bietet Wochenendseminare an, Tel.: 0 72 31/ 56 76 06 oder www.intabs.de

generelle Informationen (Berlin):

Biochemischer Verein Groß-Berlin e.V., 1.Vorsitzender: Jürgen Toreck, Greifswalder Str. 4, Haus der Demokratie und Menschenrechte, Zi. 315, 10405 Berlin, Tel.: 030/204-4599 Fax: 030/201-2047, E-Mail: info(at)biochemischerverein.de (sprechen sich auch gegen Jodierung von Nahrungsmitteln aus)

Handy-Strahlung:

Thomas Grasberger/Franz Kotteder, Mobilfunk – Ein Freilandversuch am Menschen (Verlag Antje Kunstmann GmbH, München, 2003)

Selbsthilfegruppen für Mineralimbalancen finden sich gewöhnlich in Kontakt- und Selbsthilfestellen, zumindest kann dort eine Koordination der Kontakte erfolgen. In Berlin existiert die Selbsthilfeorganisation Mineralimbalancen e.V. - Schwerpunkt: Magnesiummangel - c/o Selbsthilfekontaktstelle Synapse, Schulze-Boysen-Str. 38, 10365 Berlin, Tel.030/5138888, 55491892; Fax: 51066005, E-Mail: dierck-h.liebacher(at)magnesiumhilfe.de, im Internet: www.Magnesiumhilfe.de

Dt. Selbsthilfegruppe der Jodallergiker, Morbus-Basedow- u. Hyperthyreose-Kranken PSF 2967, 54219 Trier, (www.jod-krank.de), http://home.t-online.de/home/Martin.Lipka/jod.htm, (Grundinformationen, „Was wir noch essen können" und Kurzinfos für ökologisch interessierte Milch- und Fleischerzeuger sind dort zu bestellen oder per download abrufbar

Selbsthilfegruppe „Die Schildbürger", Prof-von-Capitaine-Str. 17, 52459 In den Pier, Tel.: 02465-1729, (www.jod-krank.de/schildbuerger)

Ernährungslüge Nr. 5: Zucker macht das Leben süß

Zucker zählt zu den am häufigsten unterschätzten Drogen.

> „Jedes neue Nahrungsmittel würde sofort verboten, hätte es auch nur die Hälfte der Wirkungen des Zuckers."
> Prof. Yudkin

Das Bedürfnis nach Süßem ist angeboren. Das heißt allerdings nicht, dass der menschliche Organismus auch nur den geringsten Bedarf an Industriezucker hat.

Die künstliche, industriell erzeugte Süße besitzt Suchtpotential erster Güte. Hier wird die Lust auf „mehr" geweckt und nie befriedigt, was sich nicht nur auf die Menge der Süßigkeiten, sondern auch die Qualität bezieht. Gefragt ist nur die sinnliche Erfahrung des Süßen. Wer einmal gefastet hat weiß, nach Abbruch der Fastenperiode ist man in der Lage, wesentlich differenziertere Nuancen des süßen Geschmackes wahrzunehmen: Eine Fähigkeit, die bei der ausschließlichen oder überwiegenden Zufuhr industriell gefertigter Süßwaren weitestgehend verloren geht. Schon Säuglinge werden mit gesüßten Tees und Fertignahrung mit hohem Anteil an Süßstoffen „auf den Geschmack" gebracht.

Häufig beruhigen sich Mütter mit der, bewusst gesteuerten, Fehlinformation, dass Zucker ja schließlich „Nervennahrung" sei und es deshalb der Konzentrationsfähigkeit des Kindes nur zuträglich sein könne, wenn es überzuckerte Vitaminbonbons oder Joghurterzeugnisse zu sich nimmt.

Wahr ist daran lediglich, dass alle Körperzellen, besonders aber die des Gehirns und der Nerven, Energie benötigen, die sie aus Zucker gewinnen. Bei diesem Zucker handelt es sich jedoch um Glukose, ein rein natürliches Erzeugnis, das in Obst, aber auch Gemüse sowie Getreide vorkommt.

Die Gleichsetzung von Zucker mit Kohlenhydraten ist insofern völlig unzulässig, als es sich bei allen industriell aufgearbeiteten Zuckervarietäten um isolierte und hoch konzentrierte Kohlenhydrate handelt, die von keinerlei Nutzen für den menschlichen Stoffwechsel sind.

Dabei spielt es gar keine Rolle, ob es sich um den üblichen weißen Haushaltszucker, Traubenzucker (Dextrose), Milchzucker (Laktose), Vollrohrzucker, seine braunen Spielarten[36]: Gelierzucker, Malzzucker (Maltose), Frutilose, Gerstenmalz oder Maltodextrin handelt.

Fruchtzucker, auch unter den Begriffen „Fruktose" oder „Lävulose" im Angebot, erweckt den Anschein eines Glukose-gleichwertigen Stoffes, wird aber ebenso aus Zuckerrüben oder Zuckerrohr gefertigt, wie alle anderen Stoffe auch.

Das Gleiche trifft jedoch auch auf Ahornsirup und Birnen- oder Apfeldicksaft zu, teureren Reformhaus-Artikeln, die alle einen gemeinsamen Ursprung haben.

Begriffe wie Ur-Zucker oder Ur-Süße erwecken den Eindruck, es handele sich um unbehandelte, also natürliche Zuckerstoffe, was aber nicht der Fall ist.

Ernährungsberater verweisen schon seit langem auf die unangefochtene Sonderstellung des Honigs, der neben 70 – 80% Naturzucker reiche biologische Wirkstoffe aufweist.

Zu diesen zählen u.a. Aminosäuren, Enzyme, Mineralien, Vitamine, einige Säuren und Hormone, Inhibine, sowie Duftstoffe. Auch wenn Honig im Zuge der verkaufsvorbereitenden Maßnahmen erhitzt wird, bleibt ein großer Teil davon erhalten.

Honig enthält ein natürliches Glukose-Fruktose Gemisch, Invertzucker genannt, das von der Leber schneller verwertet wird als andere Zucker. Neben seinem Reichtum an Enzymen und Vitaminen macht ihn das selbst für Altersdiabetiker (Typ II) bei mäßiger Ausprägung interessant, da bereits die tägliche Dosis von 1 Teelöffel Honig, Insulin sparen hilft.

Auch die Zuckerspeicherung kann selbst bei einem gestörten Leberstoffwechsel noch stattfinden – was bei Rohrzucker nicht der Fall sein muss. Ein spezielles Enzym soll Honig sogar „kariesprophylaktisch" wirken lassen. Bei Erkältungskrankheiten kann Honig sehr lindernd wirken, was auf die antibakteriellen Wirkstoffe zurückzuführen ist. Wahrscheinlich sind es keimtötende Stoffe aus den Speicheldrüsen der Bienen, die auf den Honig übergehen.

Befassen wir uns jedoch zuerst einmal mit den alternativ zum Zucker im Einsatz befindlichen Produkten und prüfen, ob es sich dabei wirklich immer um echte Alternativen handelt!

Nicht überall, wo Zucker draufsteht, ist auch Zucker drin: So fällt z.B. bei der Herstellung von Zellstoff ein Abfallprodukt namens Lignin an, das einen

---

[36] Zum braunen Zucker sei gesagt, dass er keineswegs gesünder als weißer Industriezucker ist. Die braune Farbe suggeriert eine natürliche Herkunft und lässt vermuten, dass er keinen bleichenden Verfahren unterworfen wurde. Gesünder ist er deshalb noch lange nicht. Haben Sie einmal darauf geachtet, welche Inhaltsstoffe ein besonders lecker wirkendes dunkelbraunes Brot kennzeichnen? Richtig, es ist der Rübendicksaft oder auch der Zuckersirup, der für einen appetitlichen Karamelton sorgt.

Vanillegeschmack aufweist. Da gerade die echte Vanilleschote ein sehr kostspieliges Gewürz ist, ist Lignin natürlich ein wahrer Segen für die Hersteller synthetischer Nahrungsmittel.

„Naturidentisch" heißt nicht, dass es sich um einen Stoff natürlicher Herkunft handeln muss.

Vielmehr ist er rein rechnerisch identisch mit dem natürlichen Vorbild.

Die „natürlichste" Umwelt, mit der er je konfrontiert wurde, kann jedoch ein Chemielabor sein, in dem er gerade „zusammengebastelt" wurde.

Die neu entfachten Diskussionen um genmanipulierte Nahrungsmittel sollten uns nicht darüber hinweg täuschen, dass bereits seit Jahrzehnten gentechnisch veränderte Mikroorganismen zum Einsatz kommen. Diese produzieren Aminosäuren und Enzyme genau wie Vitamine oder Süßstoffe – kurz, alle Substanzen, die nicht natürlicherweise in den Rohstoffen enthalten sind, aber bei der Herstellung von Nahrungsmitteln Verwendung finden.

Zuckeraustauschstoffe wie Glucose oder Fructose finden sich in Lebensmitteln, wie Bonbons, Marmelade und Puddingpulver.

Forderungen nach einer allgemeinen und umfassenden Kennzeichnungspflicht werden zwar immer wieder einmal erhoben, ihre praktische Umsetzung jedoch torpediert. So ist es praktisch unmöglich zu erfahren, ob Zucker aus genmanipulierten Zuckerrüben hergestellt, oder dem Orangensaft ein gentechnisch erzeugter Süßstoff beigefügt wurde.

Dass statt: „Mit Hilfe moderner Biotechnologie erzeugt", schlicht „gentechnisch erzeugt" auf dem Warenetikett prangen könnte, wird ebenfalls häufig übersehen. Ein durchaus erwünschter Effekt!

Im Gegensatz zu den chemisch erzeugten Süßstoffen sind Zuckeraustauschstoffe pflanzlicher Herkunft. Auch wenn sie in Bezug auf den Kaloriengehalt dem normalen Zucker in nichts nachstehen, werden sie doch vom Körper anders verstoffwechselt. Ihr Vorteil besteht in der wesentlich langsameren Abgabe an das Blut, wodurch sie auch für Diabetiker interessant werden. Sorbit, Maltit und Isomalt gehören zu den bekanntesten Vertretern dieser Gruppe.

Allerdings bietet die pflanzliche Herkunft nicht in jedem Fall Anlass zu reiner Freude: So wird Xylit beispielsweise aus Holz gewonnen.

Künstliche Süßstoffe weisen mitunter zahlreiche Nebenwirkungen auf.

Richtiger wäre es vielleicht, gleich von „Wirkungen" zu sprechen, da ansonsten eine gewisse Harmlosigkeit suggeriert wird. „Neben"-wirkung klingt nach kleiner Unannehmlichkeit – die gern in Kauf genommen wird, um einen „Haupteffekt" zu erzielen. Wie Sie gleich sehen werden, sind jedoch einige höchst dramatische

Symptombilder möglich, die den Rahmen leichter Befindlichkeitsstörungen bei weitem sprengen.

Während Diabetiker Süßstoffe als „Zuckerersatz" nutzen, sollten Gesunde darauf verzichten.

So darf zum Beispiel A s p a r t a m nicht von Menschen mit dem angeborenen Enzymdefekt Phenylketonurie zum Süßen verwendet werden. Und auch klinisch Gesunde können mit Befindlichkeitsstörungen reagieren, die von Kopfschmerz und Benommenheit bis hin zu Sehstörungen und Gedächtnisverlust reichen. Bedenklich scheint auch, dass das natürliche Sättigungsgefühl blockiert wird. (Stoffe, die in der Lage sind, die Hirntätigkeit zu beeinflussen, werden gemeinhin als Droge bezeichnet.) Auch Übelkeit und allergische Reaktionen sind relativ häufig und es kommt vor, dass eine bereits vorhandene Hyperaktivität noch zusätzlich gesteigert wird. In neuerer Zeit scheint sich der Verdacht zu bestätigen, dass Aspartam Krebs auslösen kann. Italienische Forscher fanden heraus, dass weibliche Ratten, denen Aspartam mit der Nahrung verabfolgt worden war, verstärkt an Lymphomen (Krebs der Lymphdrüsen) oder an Leukämie erkrankten.

Auch ist dieses, u.a. als „NutraSweet" vertriebene Produkt, gentechnischer Herkunft, keineswegs kalorienfrei – es wird im menschlichen Organismus genau wie Eiweiß abgebaut.

Seine Süßkraft beträgt die 200fache Stärke des gewöhnlichen Zuckers, weshalb es gerne in sogenannten Diätgetränken verwendet wird.

Ähnlich verhält es sich mit A c e s u l f a m K, einem mittlerweile recht häufig eingesetzten künstlichen Süßstoff, der nicht nur in kalorienreduzierten Getränken, Speiseeis etc. zu finden ist, sondern auch in alkoholfreiem Bier. Bei sehr starker Konzentration fällt ein metallischer Beigeschmack auf.

C y c l a m a t (Handelsname Assugrin), ist 30mal süßer als Zucker und wird häufig mit Saccharin kombiniert.

M a l t i t oder Maltitsirup nennt sich ein künstliches Süßungsmittel, das in der Süßwarenindustrie (Marzipanherstellung) zum Einsatz kommt.

M a l t o d e x t r i n ist aus Stärke erzeugter Zucker, der auf den gen-enzymatischen Abbau von Kohlenhydraten in Glukose zurückgeht. In den nun folgenden Arbeitsschritten entsteht zunächst Fruchtzucker, dann Malzzucker (Maltose), ein Doppelzucker. Durch die, im Verhältnis zu Monosacchariden wesentlich geringere Süßkraft, kann Maltodextrin völlig andere Einsatzgebiete erschließen und in Produkten für bessere Verteilung von Aromen oder schlicht: „ Das gute Mundgefühl", sorgen.

M a l t o d e x t r i n kann sich hinter „modifizierte Stärke" oder schlicht „Stärke" verbergen. „Modifizierte Stärke" bedeutet immer eine stattgefundene chemische Veränderung, die auf der Grundlage von Salzsäure oder Schimmelpilz-Enzymen erfolgt sein kann. Nun bilden zwar von den rund 100 000 derzeit bekannten Schimmelpilzen nur einige wenige die hoch giftigen Myko- oder Aflatoxine. Letztere gelten als besonders gefährlich, da hitzeresistent, schwer abbau- und ausscheidbar und potentiell kanzerogen, d.h. krebsauslösend.

Aber allein die Zunahme der mit Schimmelpilzen in Zusammenhang gebrachten Erkrankungen sollte uns zu größter Vorsicht gemahnen.

N e o h e s p e r i d i n ist ein künstlicher Zusatz, der für süßen Geschmack in Säften oder Ketchup sorgt und ein natürliches Vorbild hat, das in Zitrusfrüchten vorkommt. Auch der im Honig vorhandene Invertzucker kann auf gentechnischem Wege gefertigt werden, dazu benutzt man ein Enzym, die Invertase. In flüssiger Form findet Invertzucker in der Nahrungsmittelindustrie Verwendung.

Getränke und Tiefkühlprodukte erhalten ihren süßen Geschmack häufig durch Isomalt, einem (Mais-) stärkezucker, der ebenfalls meist gen-enzymatisch hergestellt wird.

S a c c h a r i n , ist das älteste künstliche Süßungsmittel, das sowohl in Diabetiker- und Light-Produkten, als auch in Mayonnaisen und Getränken zum Einsatz kommt. Saccharin ist bei den Zuckeraustauschstoffen das, was „Olestra" bei den Fetten ist – eine chemisch derartig stabile Substanz, dass sie den Körper passiert ohne dabei eine Veränderung zu erfahren.

S o r b i t ist in seiner natürlichen Form in der Vogelbeere enthalten, wird aber synthetisch aus Glukose oder Mais fabriziert.

T h a u m a t i n ist seinen Ursprüngen nach eine natürliche Süße, die mittlerweile gentechnisch erzeugt wird. Dabei schleust man das Thaumatin-Gen in das Erbgut von Kolibakterien ein. Derzeitig ist die Forschung bestrebt, das isolierte Gen, ohne den Umweg über die Mikroorganismen nehmen zu müssen, direkt in Pflanzen einzubauen.

Da die Süßkraft in etwa die 2000fache Intensität des Zuckers aufweist, wird Thaumatin gerne Süßspeisen beigefügt.

X y l i t , ein Austauschstoff, der aus Holz gewonnen wird, besitzt die Süßkraft der Saccharose (des Haushaltszuckers) und findet bei Diabetikerprodukten Anwendung, da zu seinem Abbau kein Insulin erforderlich ist.

Für die Industrie besonders interessant sind die Stärkezucker und die daraus weiter verarbeiteten Produkte (z.B. Sirup, wie High Fructose Corn Syrup oder Zuckeraustauschstoffe wie Maltit). Der Begriff „Fruktose" darf dabei nicht darüber hinwegtäuschen, dass natürliche Fruktose in Früchten enthalten ist und nur in dieser Form vom Körper benötigt wird und auch verarbeitet werden kann.

Ihren Siegeszug konnten die Stärkezucker auch deshalb antreten, weil sie durch Enzyme mittels bio- oder gentechnischer Verfahren sowohl in süße Sirupsäfte als auch in modifizierte Stärke verwandelt werden können.

H F C S (High Fructose Corn Syrup) ist ein verflüssigter Stärkezucker, der sich praktisch aus jeder stärkehaltigen Pflanze gewinnen lässt und dessen Produktion kostengünstiger als die des Rohr- oder Rübenzuckers ist. Seine Eigenschaften sind zudem variabler, d.h. wir haben es hier mit einem Erzeugnis zu tun, dessen Eigenschaften sich bedarfsgerecht, den jeweiligen industriellen Anforderungen entsprechend, verändern lassen.

Auch hier erfolgt die Gewinnung mit Hilfe mikrobieller Enzyme.

Der Begriff der O l i g o s a c c h a r i d e begegnet uns am häufigsten im Zusammenhang mit pflanzlichen Lebensmitteln, wie Hülsenfrüchten. Er kennzeichnet aus mehreren Einfachzuckern zusammengesetzte Zuckerstoffe.

Farinzucker jedoch ist ein Produkt mit intensivem Eigengeschmack, das im frühen Stadium der Verarbeitung und Raffinierung von Zuckerrüben gewonnen wird.

Zuckerrübenrückstände sind hier noch nachweisbar. Der besondere Geschmack erlaubt nur einen begrenzten Einsatz, zum Beispiel für Weihnachtsgebäck.

Der „klassische" Haushaltszucker, auch Saccharose genannt, ist ein sogenanntes „Disaccharid". Seine Grundbausteine sind Glukose (Traubenzucker) und Fruktose (Fruchtzucker). Insofern ähnelt sein Aufbau dem des Honigs, ohne allerdings über den gleichen Enzym- und Vitaminreichtum zu verfügen.

Die Eroberung der Küchen durch den Zucker setzte mit seiner industriellen Gewinnung aus Zuckerrohr oder Zuckerrübe ein. Also erst im 19. Jahrhundert – bis dahin war Honig ein beliebtes Süßungsmittel.

Der Hauptbestandteil der Doppelzucker, die Glukose, gelangt über die Darmwand schnell ins Blut. Die beruhigende Wirkung eines süßen Geschmacks wurde schon früh von Ammen erkannt, die schlafunwilligen Säuglingen ein honiggetränktes Tuch in den Mund steckten – der Schnuller war geboren, das Kind schlief selig ein.

Seither wird immer wieder gerätselt, warum Schokolade und andere Süßigkeiten uns so glücklich machen.

Wahrscheinlich ist jedoch eine Mobilisierung des Botenstoffes Serotonin, die zeitgleich mit der Insulinausschüttung einsetzt.

Serotonin steht ebenfalls in einem unmittelbaren Zusammenhang mit unserem Schlaf-Wach-Rhythmus.

Allein diese Wirkungen belegen jedoch bereits die Gefährlichkeit des Zuckers. Er wirkt auf unser Gehirn, er beeinflusst unsere Befindlichkeit und sorgt für ein gesteigertes Wohlbefinden.

Wie bereits erwähnt, bezeichnet man eine Substanz mit derartigen Eigenschaften normalerweise als Droge[37]. Allerdings beschränken sich die negativen Auswirkungen auf unsere Gesundheit nicht nur auf das Gehirn; sie machen auch vor dem restlichen Körper nicht halt.

Besonders am Beispiel der chronisch überforderten Bauchspeicheldrüse lassen sich die fatalen Folgen der andauernden Fehlernährung aufzeigen.

Diabetes mellitus ist eine geradezu „klassische Wohlstandskrankheit".

Zum Thema der Zivilisationskrankheiten ließe sich auch hier wieder einmal mehr feststellen:

Gerade die entbehrungsreichen Kriegs- und Nachkriegsjahre beweisen den unmittelbaren Zusammenhang zwischen Ernährung und Krankheitsentstehung. Blinddarmentzündungen, Erkrankungen der Gallenblase, erhöhter Blutdruck, Arteriosklerose und Herzinfarkte häufen sich in „fetten" Jahren. Die Entwicklung von Diabetes belegt das deutlich.[38]

Die Bauchspeicheldrüse (Pankreas) nimmt eine Sonderstellung innerhalb der mit Aufgaben der Verdauung betrauten Organe ein, da sie Verdauungsenzyme abgibt, die alle Grundnährstoffe (Eiweiße, Fette, Kohlenhydrate) aufspalten. Diese Verdauungsenzyme befinden sich in einer inaktiven Form, d.h.: Sie werden erst im Folgeorgan in eine aktive Form umgewandelt. So schützt sich die Pankreasdrüse vor einer Selbstverdauung.

Werden dem Körper während der Nahrungsaufnahme schnell resorbierbare Kohlenhydrate zugeführt, steigt der Blutzuckerspiegel ebenfalls schnell an und aktiviert seinerseits die Insulinproduktion in einer Höhe, die deutlich über dem eigentlichen Bedarf liegen kann.

Andererseits sinkt er dann aber auch schnell, was wieder ein Hungergefühl hervorruft und eine erneute Nahrungszufuhr provoziert. Bleibt der Blutzuckerspiegel jedoch über einen längeren Zeitraum permanent im überhöhten Bereich, wird damit ein ständiger Reiz auf die Insulinabgabe ausgeübt. Die Bauchspeicheldrüse wird überlastet. Ein latenter Diabetes ist im Entstehen begriffen. Starke Schwankungen des Blutzuckerspiegels schwächen aber auch die Leber – ein ständiges Gefühl von Müdigkeit und Antriebslosigkeit wird von chinesischen Ärzten als Schwäche des Leber-Qi interpretiert. Hier mangelt es einem Organ an seiner elementaren Energie.

---

[37] Droge ist hier nicht im Sinne von pharmakologisch verwertbaren Pflanzenteilen gemeint, sondern im heute üblichen Sinne, der zur Abhängigkeit führenden Substanz

[38] Lt. Knowles (1990) haben die Pima-Indianer im Südwesten der USA den weltweit höchsten Prozentsatz an Diabetikern. Er entwickelte sich nach der Umstellung der Ernährung von kleinkernigen, faserigen Maiskolben hin zu den großkernigen Hybridsorten.

Um den Anteil der Speisen an der Entstehung von Diabetes zu verdeutlichen, nur ein Beispiel: nach dem Genuss von 25 Gramm Kohlenhydraten aus der gleichen Menge Zucker steigt der Blutzuckerspiegel um rund 92% - wird die gleiche Menge Zucker dagegen aus 207 Gramm Apfel gewonnen, erfolgt ein Blutzuckerspiegelanstieg um lediglich 35%.

Diabetes mellitus oder Zuckerharnruhr, wie die alte Bezeichnung lautet, zählt leider auch zu den Erkrankungen, die häufig nur durch Zufall im Rahmen einer routinemäßigen Blutuntersuchung im Krankenhaus diagnostiziert werden. Darauf erfolgt gewöhnlich eine kurze Einweisung in die spezielle Problematik, verbunden mit einigen Hinweisen zur bevorstehenden Ernährungsumstellung. Damit hat es sich dann aber auch schon. Der völlig überrumpelte Patient wird mit seinen Ängsten weitgehend allein gelassen und in die Obhut des behandelnden Hausarztes überstellt, welcher häufig mit dieser Thematik ebenso überfordert ist wie sein Patient. Gab es in der ehemaligen DDR ein funktionsfähiges Netz der Diabetikerbetreuung, so sind diese Strukturen mittlerweile größtenteils nicht mehr existent.

Sinnvoll ist ein verantwortungsvoller Umgang mit der Erkrankung, was bereits bei der Vorsorge beginnt. Ein Nüchternzucker-Wert von 100 mg/dl sollte als Grenzwert betrachtet werden und Anlass zu einer Überprüfung des aussagekräftigeren Langzeitzuckerwertes geben.

Handelt es sich um einen gesicherten Diabetes, empfiehlt sich die Überweisung an einen Diabetologen, der die körpereigene Insulinproduktion misst. Vor Beginn einer Insulintherapie ist dies unerlässlich, da bei normalen oder gar erhöhten Werten, die standardisierte Therapie mit zusätzlichen Insulingaben kontraindiziert ist.

Leider ist aber bereits ein erhöhter Blutzucker (Hyperglykämie) häufig der Anlass zum Einsatz von sogenannten Sulfonylharnstoffen, die die Bauchspeicheldrüse zu einer verstärkten Insulinausschüttung veranlassen. Da der Diabetiker bei Diagnosestellung gewöhnlich eher zuviel als zu wenig Insulin aufweist, wäre auch der Einsatz dieser Präparate kontaindiziert.

Die Ursachen für die Unfähigkeit des Insulins den Blutzuckerwert zu regulieren, liegt nämlich in der Insulinresistenz der Zellen.

Die jetzt erzeugte Hyperinsulinämie führt zu Fettstoffwechselstörungen, einem erhöhten Thromboserisiko, Blutdrucksteigerung, vermehrter Harnsäurebildung bei geminderter Ausscheidung und außerdem noch einem verstärkten Hungergefühl, was seinerseits zu Gewichtszunahmen führt. Isoliert betrachtet ist das schlimm genug, führt jedoch außerdem zu den nicht umsonst gefürchteten Diabeteskomplikationen, die bislang noch nicht ausreichend beachtet werden.[39]

---

[39] Regelmäßige Restharnbestimmungen sowie die Kontrolle des Augenhintergrundes und des Zustandes der Haut (besonders im Bereich der Extremitäten), bei den älteren Patienten mit eingeschränkter Selbständigkeit, finden leider immer noch viel zu selten statt.

Die als Antidiabetika zum Einsatz kommenden Sulfonylharnstoffe weisen nicht nur eine Vielzahl an Nebenwirkungen auf, sie zeichnen sich leider auch durch häufige Wechselwirkungen mit anderen Präparaten aus.

Da gerade ältere Patienten den Stamm der Typ-II-Diabetiker stellen, gehören sie meist auch zu den Multimorbiden, die Diuretika, Mittel zur Senkung des Fettspiegels oder gegen überschüssige Magensäure einnehmen. Wie seit langem bekannt, reagieren viele der handelsüblichen Präparate mit den Sulfonylharnstoffen. Bei den sehr gebräuchlichen Betablockern (gegen Bluthochdruck oder bei anfallsweisem Herzrasen) besteht zudem die Gefahr der Unterzuckerung.

Auch hier gilt deshalb, eine bevorzugte Diabeteseinstellung über entsprechende Diät in Kombination mit angepasster[40] körperlicher Bewegung.

Streng genommen ist Diabetes Typ II keine „Zuckerkrankheit" wird aber durch eine entsprechende Gesundheitspolitik dazu gemacht. Ein verantwortungsbewusster Arzt, der seinen Patienten auf Ernährungsumstellung und Therapiesportmöglichkeiten hinweist, kann dafür einen hohen Zeitfonds veranschlagen – abrechnen darf er diese Dienstleistung aber nicht. Erklärt er diesen Patienten jedoch kurzerhand als „insulinpflichtig", so steht es ihm frei, die Zeit, die für die Schulung im Umgang mit Testgeräten verwandt wurde, auch der Kasse in Rechnung zu stellen. Man möchte es ihm in seinem eigenen Interesse fast raten, bei Patienten mit einer gestörten Glukosetoleranz den Eintritt ins manifeste Stadium abzuwarten.

Prävention ist – trotz gegenteiliger Beteuerungen – nicht das Hauptanliegen der gängigen „Gesundheits"-Politik!

Die „Behandlung" von Diabetes kostet die Krankenkassen in der BRD derzeit etwa 20 Milliarden Euro im Jahr – mit steigender Tendenz!

Darüber hinaus gibt es noch einige andere Störungen der Zuckerverwertung, die allerdings nicht so häufig auftreten wie die „Volksseuche" Diabetes. Einige Formen sind bereits angeboren, wie die Galaktosämie, eine Intoleranz gegenüber der - ja bereits in der Muttermilch vorhandenen Galaktose. Blut und Gewebe reichern sich damit an und organische Veränderungen sind die Folge. Oder auch die unter dem Oberbegriff „Glykogenosen" zusammengefassten Speicherkrankheiten: Angeborene Enzymdefekte verhindern Glykogenabbau und –synthese und führen so zu einer krankhaft gesteigerten Speicherung in etlichen Organen oder dem Zentralnervensystem.

Inwieweit Fehlernährung mit ihren defizitären Zuständen – trotz des vermeintlichen Überangebotes – bei der heutigen Generation, Auswirkungen auf die Gesundheit der nachfolgenden hat, ist sicherlich ein Forschungsbereich, dem bislang noch viel zu wenig Aufmerksamkeit zuteil wird. Dass auch „angeborene" Krankheiten durch die

---

[40] Unter einer angepassten Bewegungstherapie für übergewichtige Diabetiker ist eine Form zu verstehen, die den Stoffwechsel anregt und die Kondition verbessern hilft, gleichzeitig aber auch die meist schon stark beanspruchten Gelenke nicht noch zusätzlich belastet.

Elterngeneration und ihre mangelhafte Ernährung provoziert werden können, ist im Tierexperiment tausendfach bestätigt worden. Den Tieren war es nicht möglich, in ihrem eigenen Interesse (und dem der gesunden Nachkommenschaft) das Futter frei zu wählen. Möglicherweise hätte ihr Instinkt für eine vollwertige Ernährung gesorgt. Sorgen wir dafür, dass unsere Nachkommen das Gespür für gesunde Nahrung nicht gänzlich verlieren.

Nach so viel Negativem, gibt es jedoch auch Anlass zur Freude.

Auch für die bekennenden „Süßmäuler" existieren durchaus Alternativen zum industriell verarbeiteten Zucker. Eine davon heißt: Stevia, oder genauer: Stevia rebaudiana Bertoni.[41]

Bei Stevia handelt es sich um ein rein pflanzliches Süßungsmittel, das bereits den südamerikanischen Indianern bekannt war. Die wörtliche Übersetzung des traditionellen indianischen Namens lautet in etwa „süßes Kraut", „Honigblatt" oder auch „süßes Glück".

Im ursprünglichen Kulturkreis wurde Stevia nicht nur zum Süßen des etwas rauchig schmeckenden Matetees oder als Näscherei, sondern sogar als medizinisch wirksames Therapeutikum verwandt. Zu den Einsatzgebieten gehören nicht nur Erschöpfungszustände und Verdauungsbeschwerden sowie Hauterkrankungen (in der Dermatologie ist die heilsame Wirkung auch des normalen Zuckers bekannt), sondern auch Blutdruckschwankungen, die schulmedizinisch recht schwer zu behandeln sind.

Zu den „Seuchen" der westlichen Zivilisation gehören recht unterschiedliche Krankheiten, die unser Tribut an eine weitgehend unnatürliche Lebensweise sind. Eine dieser Krankheiten ist Karies. Während Stomatologen bemüht sind, den permanent angegriffenen Zahnschmelz durch Fluoride zu härten, wäre es sinnvoller, die Elemente aus unserer Ernährung zu entfernen, die den Zahnschmelz angreifen. Industrialisierter Zucker ist anerkanntermaßen der Hauptauslöser von Karies, da er zu einem Säureanstieg in der Mundhöhle führt.

Da er zudem auch verstoffwechselt werden muss, ein Vorgang, der seinerseits die Bereitstellung von Mineralstoffen erfordert, gilt Zucker auch noch als „Kalziumräuber". Da die Zufuhr von (auch verdecktem) Zucker in der Nahrung nicht proportional zum Mineralienangebot erfolgt, ist der Körper in der Zwangslage, seine Depots angreifen zu müssen. Auch die Zähne werden auf diese Weise „demineralisiert". Im Zusammenhang mit dem veränderten Milieu im Mund potenzieren sich hier also Faktoren, die für sich allein schon negative Auswirkungen haben. Dem Honigblatt wird nachgesagt, dass es nicht nur keinen Karies auslöst, sondern diesem sogar entgegenwirkt.

Zudem macht sich im Zuge der Verwestlichung der Lebensweisen eine zweite Volksseuche bemerkbar, die wenigstens zum Teil, auch auf die permanente

---

[41] Literaturempfehlungen und Bezugsquellen finden Sie im Anhang.

Überreizung der Bauchspeicheldrüse zurückzuführen ist. Wir reden hier von dem weiter oben beschriebenen Diabetes mellitus, früher auch als Zuckerharnruhr bezeichnet. Selbst hier erweist sich Stevia als segensreich.

Wenn man bedenkt, dass Zucker vor gar nicht allzu langer Zeit noch zu den kostbaren Gewürzen gerechnet wurde, mit einem jährlichen Pro-Kopf-Verbrauch von weniger als 2 Kilogramm im 18. Jahrhundert - der mittlerweile auf fast 40 Kg pro Kopf und Jahr angestiegen ist, so muss man sich um den parallelen Anstieg von Krankheiten nicht wundern.

Keinesfalls vergessen darf man auch, dass es sehr viele Menschen in der Bundesrepublik Deutschland gibt, die auf ihr Gewicht achten müssen, wobei der Anstieg des Prozentsatzes an übergewichtigen Jugendlichen dabei besonders dramatisch ist. Auch hier kann Stevia mit Erfolg therapeutisch eingesetzt werden, da diese Pflanze praktisch null Kalorien besitzt.

Die Süßkraft ist dabei ca. 300 x intensiver, als beim handelsüblichen Zucker. Stevia kann somit auch wesentlich sparsamer eingesetzt werden und beeinträchtigt nicht den Eigengeschmack der Nahrungsmittel – was bei unserer Nahrung mit ihrer synthetischen Süße ein zunehmendes Problem darstellt.

Ganz anders jedoch Stevia. Eine ähnlich hohe Süßkraft wird ansonsten nur durch Süßstoffe aus Laborproduktion erreicht, die jedoch auch häufig den Eigengeschmack überdecken - was den Einsatz weiterer Geschmacksintensivierer erforderlich macht. Ein Kreislauf ohne Ende, der uns immer weiter vom Ursprungsprodukt entfernt. Im Gegensatz zum früher erhältlichen Bäckerkuchen, der mittels individueller Rezepturen gefertigt wurde, schmeckt die bei den Großbäckereien erhältliche Ware meist nur süß und Unterschiede zwischen verschiedenen Backwaren lassen sich kaum noch feststellen.

Die enorme Süßkraft der Stevia basiert auf dem „Steviosid" genannten Inhaltsstoff. Sie enthält zudem Rebaudiosid A, B und Dulcosid A, sowie Steviolbiosid und essentielle Öle. Verwendet werden hauptsächlich die Blätter der Pflanze.

Zusammenfassung

Zucker gilt als Vitaminräuber, da zu seinem Abbau Vitamin B1 erforderlich ist.

Industriell erzeugter Zucker enthält leere Kalorien und verfügt über ein hohes Suchtpotential.

Zucker stimuliert die Bauchspeicheldrüse, Insulin zu produzieren und freizusetzen. Dieses Hormon ist sehr bedeutsam um:

- den Blutzuckerspiegel zu regulieren,
- überschüssigen Zucker als Fett einzulagern und
- die Mobilisierung der eingelagerten Fette zu verhindern, sowie
- die Leber zur Produktion von Cholesterin anzuregen.

Nicht Fruktose oder Proteine stellen die Hauptauslöser für die Ausschüttung von Insulin dar, sondern Glukose.

Das Hormon Glukagon, das einen zu stark erniedrigten Blutzucker verhindert, steuert auch den in der Leber erfolgenden Abbau von Glukogen (gespeichertem Zucker) zu Glukose.

Da Insulin die Aufspaltung von Glukogen und Triglyzeriden (Fetten) verhindert, fällt es Menschen mit erhöhtem Insulinspiegel naturgemäß besonders schwer, abzunehmen.

Die Reaktion bestimmter Zellverbände (Muskel-, Leber- und Fettzellen) auf Insulin schwächt sich ab – eine Insulinresistenz ist im Entstehen begriffen. Um den Blutzuckerspiegel zu senken benötigt der Körper nun mehr Insulin. Ein klassischer Circulus vitiosus.

Industriezucker wird mit einer Vielzahl von unterschiedlichen Krankheitsbildern in Zusammenhang gebracht, darunter: Karies, da die verstärkte Säurebildung im Mund deren Entstehung begünstigt. Aber auch Insuffizienz der Bauchspeicheldrüse, die bei gesteigertem Zuckerkonsum, die Insulinproduktion steigern muss, da sonst der Blutzuckerspiegel zu stark ansteigt. Auch die Insulininjektion ist keine harmlose unterstützende Maßnahme, sondern ein Eingriff in das sich selbst regulierende System unseres Körpers und kann unter Umständen dazu beitragen, dass eine bestehende funktionelle Schwäche noch forciert wird. (Da genug Insulin vorhanden ist, wird kein eigenes mehr produziert). Nicht nur der Zuckerstoffwechsel wird überfordert, sondern auch der Mineralhaushalt, denn da Zucker einen Säureüberschuss erzeugt, sind basische Mineralien nötig, um diesen auszugleichen. Die Folgen sind Mineralstoffmangel, ein gestörter Säure-Basen-Haushalt und eine fortschreitende Azidose, auf die sich andere Krankheitsbilder aufpfropfen können. Auch eine Unterversorgung mit Vitaminen (siehe oben) kann die Folge sein. Gerade

Vitamin B1 hat eine Schlüsselfunktion im Zuckerumsatz von Nerven- und Muskelzellen inne, ist am Aufbau aktivierter Essigsäure ebenso beteiligt wie an der Funktionsfähigkeit der roten Blutkörperchen und kooperiert mit den Enzymen des Kohlenhydratstoffwechsels (worunter nicht nur der Zucker-, sondern auch der Fettstoffwechsel verstanden wird).

Dieses Vitamin ist zudem an der Synthese von Azetylcholin[42] beteiligt, das seinerseits Auswirkungen auf die Funktionsfähigkeit des autonomen Nervensystems hat. So hängt, unter anderem, die überwiegend dämpfende Funktion des Nervus vagus, von diesem Azetylester ab. Auch hier haben relativ kleine Ursachen – wie ein Vitaminmangel, der durch falsche Zusammenstellung der Nahrung hervorgerufen wurde – große Wirkungen, denn der Vagusnerv ist für eine Vielzahl von Funktionen zuständig.

Kohlenhydrate stellen als Biomasse die mengenmäßig beeindruckendste Klasse der Stoffe mit folgenden Hauptaufgaben als:

- leicht verwertbare Energielieferanten,
- gut verfügbare Energiereserve (Glycogen),
- Träger von Ballaststoffen (da reich an unverdaulichen, aber lebenswichtigen Zellulosefasern).

Kohlenhydrate werden aufgrund ihres Aufbaus in Einfachzucker (Traubenzucker), Zweifachzucker (Milchzucker) und Vielfachzucker (Zellulose und Pektin) unterschieden.

Disaccharide oder Doppelzucker werden die Zusammenschlüsse zweier Moleküle von Einfachzuckern (Monosacchariden), genannt. Rüben- und Rohrzucker (Saccharose), Milchzucker (Laktose) und Malzzucker (Maltose) gehören zu dieser Gruppe. Monosaccharide, wie Glukose, Galaktose oder Fruktose bestehen aus Einzelmolekülen. Aus diesen Grundbausteinen werden komplexere Kohlenhydrate wie Zucker, Stärke und Zellulose aufgebaut. Aus dem Einfachzucker Glukose können Vielfachzucker wie Stärke oder Glycogen gewonnen werden.

Der ins Ungleichgewicht geratene Säure-Basen-Haushalt wird mit einer Vielzahl an Beschwerden bis hin zu ernsthaften Erkrankungen in Verbindung gebracht. Die Verdauung von Kohlenhydraten erfordert ein leicht basisches Milieu. Die überaus wichtige Vorverdauung beginnt im Mund, dessen Milieu bereits durch den Verzehr von Fertigprodukten und Industriezucker geschädigt sein kann. Ohne Vorverdauung gelingt es dem auf ein saures Milieu ausgerichteten Magen nicht, die anfallenden Kohlenhydrate der Abbaukette zuzuführen, sie beginnen zu gären und bilden Alkohol. Es kommt zu Sodbrennen und Rückflusstendenzen – gegen die nun Säureblocker zum Einsatz gebracht werden.

Zu den dramatischsten Folgen gehören das Ansteigen der Häufigkeit von Kehlkopf- und Speiseröhrenkrebs.

---

[42] Acetylcholin ist ein sogenannter physiologischer Neurotransmitter: Eine Substanz, die an bestimmten Nervenendigungen freigesetzt wird und somit die Übertragung von Reizen/Informationen erst möglich macht

Literatur

Monika Mayer, Stevia – Ein gesundes Süßungsmittel ohne Kalorien (Naturheilkunde, Nr. 2/2000)

Naturheilkunde erscheint im M & M-Verlag, Schlehenstraße 15, 59063 Hamm, Tel.:02381/25508 oder 12079,

ebenfalls bei M & M-Verlag erhältlich ist von Monika Mayer, Stevia – natürlich süßen ohne Kalorien

Heinz Knieriemen, Lexikon - Gentechnik – Fooddesign - Ernährung, (AT Verlag, Aarau, Schweiz, 2002)

Dr. med. Volker Schmiedel, Typ-2-Diabetes: Heilung ist möglich (Karl F. Haug Vlg., Stuttgart, 2004)

Pschyrembel Klinisches Wörterbuch, (Walter de Gruyter Vlg. Berlin, 1990)

Von Brigitte Speck erschienen bei Edition FONA, Stevia und Natürlich einmachen mit Stevia

Von Jeffrey Goettemoeller bei Nietsch, Stevia - Das Rezeptbuch und von

Barbara Simonsohn: Stevia, sündhaft süß und urgesund im Windpferd Verlag

Stevia ist in der EU nicht als Lebensmittel zugelassen. Im Pflanzenversandhandel kann man sich jedoch Jungpflanzen für die hauseigene Plantagenhaltung bestellen.

Einige Hersteller und Vertreiber im Naturkost- und Wellnessbereich bieten Stevia auch als Badezusatz, zur Herstellung von Gesichtsmasken oder als Mittel für die Zahn- und Tierpflege an (nähere Informationen finden Sie im Internet).

Steviabezug u.a. über: Salzhäus'l – Himalaya-Kristallsalz GmbH, Traberring 26, 84323 Massing, Tel. 08724/911461, FAX 911462

www.salzhaeusl.com oder: Stevia Vertrieb Natural-Product,

Ernährungslüge Nr. 6: Fleisch ist ein Stück Lebenskraft

Ist der Mensch ein Fleischfresser?

„Essen Sie nichts, wofür Werbung gemacht wird!"
Max Otto Bruker

Anatomisch gesehen kann man diese Frage getrost verneinen.

Schon unser Gebiss scheint eher auf pflanzliche Kost hin ausgerichtet zu sein. Die Backenzähne sind bestens zum Zermahlen von Körnern konzipiert. An eindrucksvollen Reißzähnen mangelt es uns und auch mit dem Zerbrechen von Knochen wäre unser Gebiss wohl heillos überfordert. Wo wir schon an der ersten Station der Nahrungsaufbereitung kapitulieren müssen, sieht es bei den nun folgenden nicht besser aus.

Betrachtet man den Magen der „geborenen Fleischfresser" und vergleicht ihn mit dem von Pflanzenköstlern, so fallen auch hier Unterschiede auf.

Auch der Darm, der bei Fleischfressern in etwa drei mal so lang wie der gesamte Körper ist, weist bei den Pflanzenfressern die zwölffache Körperlänge auf. Dieser extrem lange Darm ist für die schnellere Passage der pflanzlichen Kost vorgesehen, aber für die Verdauung der schnell faulenden fleischlichen Nahrung völlig ungeeignet.

Bei den Verdauungssäften sieht es ähnlich aus: Der menschliche Speichel ist alkalisch und enthält das für die Getreideverdauung notwendige Phytase Enzym. Die Magensäure der Fleischfresser weist starke Salzsäureanteile auf, die unerlässlich für die Fleischverdauung sind. Dieser Salzsäuregehalt ist beim Menschen ungefähr zehn mal niedriger.

Auch sind wir Menschen in der Lage, das lebensnotwendige Vitamin A aus Karotinen umzuwandeln,[43] wozu nicht alle Lebewesen imstande sind. Reine Fleischfresser sind es grundsätzlich nicht und müssen das Vitamin A aus tierischer Nahrung beziehen.

Alle physiologischen Voraussetzungen für den Fleischverzehr scheinen uns somit zu fehlen und dass wir es dennoch auf unseren Speiseplan setzen, bildet die Hauptursache für eine Vielzahl von Krankheiten. Übrigens weisen auch

---

[43] Allerdings setzt die an der Darmschleimhaut stattfindende enzymatische Umwandlung von Beta-Karotin in Vitamin A die Anwesenheit von reichlich Gallensäure voraus und benötigt eine uneingeschränkte Leber- und Schilddrüsenfunktion. Industrienahrung lässt gewöhnlich nur sehr wenig Gallensäfte in den Dünndarm gelangen, wodurch Karotin auch nur sehr ungenügend umgewandelt werden kann.

archäologische Funde eher auf eine pflanzliche Ernährung mit Früchten, Beeren und Nüssen unserer Vorfahren hin.

Fleisch war selten und dementsprechend kostbar, seine Beschaffung mit Mühe verbunden und auch in späteren Zeiten war es teuer. Entsprechend selten stand es auf dem Speiseplan.

Auch in der bundesdeutschen Nachkriegsära galt Fleisch als Statussymbol, ein Umstand, den die Werbeindustrie in ihren von Lobbies finanzierten Kampagnen weidlich auszunutzen verstand. Unternehmerfreundliche Organisationen mit dem erklärten Ziel der gesundheitlichen Aufklärung propagierten ihrerseits das tierische Eiweiß als unverzichtbaren Bestandteil menschlicher Ernährung.

Die Nachfrage stieg, die finanziellen Mittel zur Erfüllung eines angestiegenen Bedürfnisses nach Fleisch waren vorhanden, der Tierbestand wurde vermehrt. Da Tiere vorwiegend pflanzliches Futter benötigen, wurden die Anbauflächen vergrößert und mit Kunstdünger und Pestiziden vollgepumpt. Viele Menschen haben auch heute noch Befürchtungen bezüglich einer auf Obst, Getreide und Gemüse basierende Ernährung. Sie meinen, diese könne unmöglich die körperlichen Bedürfnisse abdecken, da der Nährstoffgehalt im Boden durch jahrzehntelange einseitige Agrarwirtschaft nicht mit dem von vor 50 Jahren zu vergleichen ist. Das auch von Vertretern der Pharmazie häufig vorgebrachte Argument der nährstoffarmen Böden, die zur Einnahme synthetisch hergestellter Nahrungsergänzungen zwängen, gilt natürlich in einem weitaus stärkerem Maße für Fleischköstler. Nur mit dem Unterschied, dass dieser nicht nur das ernährungsphysiologisch problematischere Fleisch aufnimmt, sondern über dieses (indirekt) auch die minderwertige pflanzliche Kost.

Wie schon erwähnt, war Fleisch über lange Zeiträume hin ein rarer Artikel, da die Beschaffung aus der freien Wildbahn vom Jagdglück und somit einer Vielzahl von Faktoren abhing, die kulturgeschichtlich jüngere Zucht von Tieren, die zum Verzehr bestimmt waren, aber sehr aufwendig war. Dagegen sprachen ein hoher Pflegeaufwand und die Probleme der Futterbeschaffung, wodurch der Fleischverbrauch sich praktisch von selbst begrenzte.

Auch heute ist kostengünstiges Fleisch nur um den Preis der Qualitätsminderung zu erzielen.

Eine vollständige und lückenlose Kontrolle aller der in der Massentierhaltung produzierten Erzeugnisse ist nicht möglich. Das, was jedoch an Rückständen nachgewiesen wird, sollte uns zu denken geben.

Zu den häufig nachgewiesenen medizinisch wirksamen Substanzen zählen neben Psychopharmaka, die in Boxen gehaltene Tiere ruhig stellen sollen, auch Östrogene, die zur Anregung des Muskelwachstums zugeführt werden. Zusätzlich haben wir noch die Futtermittelzusätze, die neben Antioxidantien, Farb- und Aromastoffen auch Konservierungsmittel aufweisen. Natürlich sind viele Futterzusätze illegal, das

Problem des Nachweises ähnelt aber dem der Dopingkontrolle im Leistungssport: Die Entwicklung zuverlässiger Nachweismethoden kann längst nicht mit der ständigen Neuentwicklung unterschiedlichster Mixturen Schritt halten.

Festgestellt wurde Nitrofen im Geflügel, Schwermetall wie Blei, Cadmium oder Quecksilber im Rind- und Schweinefleisch, wobei von Blei bekannt ist, das es als Stoffwechselgift Lähmungen, Leber- und Nierenschäden auslösen kann und zudem die Blutbildung beeinträchtigt. Cadmium, das vorwiegend in den Innereien von Schlachttieren gefunden wurde, wird schnell resorbiert und intrazellulär, besonders in den Nieren eingelagert, wo es zu Funktionsstörungen führt.

Dagegen scheint die Information der Oakland Tribune, dass Viehfutter an manchen Orten der USA zu gut 15 Prozent aus Papier besteht, um eine schnellere Schlachtreife bei Rindern zu erzielen, schon fast harmlos zu sein. („Paper Fattens Cattle", 22. 11.1971)

Eine vegetarische Ernährung ist dem menschlichen Organismus zuträglicher als der Fleischverzehr. Zu den Vorteilen der vegetarischen Lebensführung zählen die geringere Belastung des Stoffwechsels und der mit ihm betrauten Organe, darüber hinaus jedoch auch die Schonung des Herz-Kreislauf-Systems, der Gefäße generell und der Gelenke.

Sicherlich ist für viele von Ihnen die vegetarische Ernährungsform ungewohnt, Ziel dieses Buches ist es auch nicht, Sie um jeden Preis zum Vegetarismus zu bekehren. Eine zeitweise Befolgung fleischloser Ernährungsprinzipien sollte jedoch von jedermann durchführbar sein.

Sie werden überrascht sein, wie positiv die Auswirkungen auf Ihre Befindlichkeit sind. Was in jedem Fall Berücksichtigung finden sollte, ist die ausreichende Versorgung mit Eisen, Eiweiß und B-Vitaminen – ist diese gewährleistet, steht der fleischlosen, aber gesunden Kost nichts im Wege.

Auf den folgenden Seiten möchte ich Ihnen die negativen Aspekte das langjährigen Fleischverzehrs etwas näher erläutern.

Wenden wir uns zunächst dem seit der Furcht vor den Folgen des Rinderwahns wieder populärer gewordenen Schweinefleisch zu, das seine Beliebtheit größtenteils der leichten Bekömmlichkeit verdankt. Hierbei sollte jedoch nicht vergessen werden, dass „bekömmlich" nicht gleichzusetzen ist mit „hochwertig". Viele Menschen, mit Problemen im Bereich der Galle oder der Bauchspeicheldrüse haben entweder selbst die Erfahrung gemacht oder auch seitens ihres Arztes den Rat bekommen, frisches Obst zugunsten von Konserven zu meiden.

Die Reizwirkung des Frischobstes ist ungleich größer, was jedoch nicht bedeutet, das es sich beim Konservenobst um die hochwertigere Nahrung handelt.

Ein interessanter und bedenkenswerter Ansatz ist der des Arztes F.X. Mayr, dessen gleichnamige Kur vielen geläufig ist. Er geht davon aus, das der menschliche Körper durch eine jahrzehntelange Fehlernährung derartig geschwächt ist, dass seine Fähigkeit zur Nahrungsverwertung stark eingeschränkt ist. Um ihn mit hochwertiger Kost nicht vollends zu überfordern, erhalten Patienten in F. X. Mayr Kliniken altbackene, in Milch eingeweichte Semmeln. Zumindest solange, bis der Darm seine vollständige Funktionsfähigkeit zurückerhalten hat.

Das macht Semmeln und Milch aber noch nicht zu unverzichtbaren Lebensmitteln! Es zeigt uns lediglich, wie vergiftet unser Körper bereits ist ...

Die Zusammenhänge zwischen gesunder Lebensführung, was eine gesunde Ernährung beinhaltet, und einem gesunden Körper sind allen östlichen medizinischen Konzepten vertraut – ganz gleich, ob es sich dabei um Ayurveda, die traditionelle chinesische oder tibetische Medizin handelt. Auch bei uns wimmelt die Volksheilkunde geradezu vor wertvollen Hinweisen bezüglich des Einsatzes von Lebensmitteln zu therapeutischen Zwecken.

Auch für die Ärzte früherer Zeiten waren die Zusammenhänge zwischen den Lebensgewohnheiten und der Entstehung bestimmter Krankheiten ganz offensichtlich.

Das Erstarken unseres heute vorherrschenden naturwissenschaftlichen Weltbildes trug jedoch auch dazu bei, solche Erkenntnisse als „nicht wissenschaftlich" abzutun.

Es war der deutsche Arzt Dr. Reckeweg, der versuchte, Zusammenhänge zwischen Gesundheit und einem, diese förderlichen Verhalten herzustellen und im Bewusstsein der Bevölkerung zu integrieren.

Reckeweg begründete eine spezielle Lehre: Die Homotoxikologie. Basierend auf der Annahme, dass Schadstoffe (Toxine) sowohl im Körper selbst entstehen, als auch von außen zugeführt werden und somit die Grundlage für letztendlich chronische Erkrankungen bilden, sprach er sich gegen einen hohen Fleischkonsum, besonders von Schweinefleisch, aus.

Obwohl Fleisch schon immer als besonders guter Eiweißlieferant galt, war es ein vergleichsweise kostspieliges Erzeugnis. Noch im 19. Jahrhundert ernährten sich auch die bäuerlichen Kreise Europas vorwiegend von Getreideerzeugnissen, Kartoffeln und Gemüse.

Erst zum Ende des Jahrhundert stieg der Fleischverzehr sprunghaft an, ja er verdoppelte sich geradezu. Im Jahre 1980 verspeiste (statistisch gesehen) jeder Bundesbürger ein ganzes Schwein pro Jahr.

Die Gründe für die Beliebtheit gerade des Schweinefleisches sind, neben der Bekömmlichkeit, im – vergleichsweise – geringen Preis (auf der Verbraucherseite) und den geringeren Haltungs- und Aufzugskosten (auf der Seite der Landwirte) zu sehen.

Das Schwein lässt sich zudem „restlos" verwerten, was bei anderen Schlachttieren nicht der Fall ist. Der hohe Anteil an Schweinefleisch in Wurst und Wurstwaren ist bekannt.

Weniger bekannt ist allerdings, dass auch Corned beef und Kalbsleberwurst nicht unbedeutende Anteile an Schweinefleisch enthalten.

Da gerade bei der Thematik der Ernährungsgewohnheiten und ihres Einflusses auf die Volksgesundheit, gerne Frankreich als Vergleichsmaßstab herangezogen wird, sollte man nicht übersehen, dass Wurst dort in wesentlich geringerem Maße zum täglichen Speiseplan gehört - eventuell noch magerer Schinken.

Als ich einmal – am heiligen Abend – ein kleines Pariser Mädchen mit einer Scheibe trockenen Brotes in der Hand an der Seite seiner Mutter sah, musste ich sofort daran denken, dass ein solches Bild in Deutschland wahrscheinlich unmöglich wäre. Dick belegte Brote gelten auch heute noch als Statussymbole und keine Mutter, die etwas auf sich hält, würde sich dem Verdacht der Nachbarn aussetzten wollen, dass es mit der materiellen Absicherung in der Familie vielleicht doch nicht so gut bestellt ist, wie man bislang annahm.

Dabei sollten wir jedoch nicht übersehen, dass unsere körperlichen Bedürfnisse schon längst nicht mehr unserem Nahrungsangebot entsprechen.

Mit dem Rückgang an körperlicher Betätigung und vor allen Dingen der Schwerarbeit, wandelten sich auch unsere Anforderungen an die Nahrungsmittel: Eine leicht bekömmliche Kost, reich an pflanzlichen, schnell verdaulichen Eiweißen, wäre den überwiegend als „Kopfarbeitern" Beschäftigten angepasster. Jedoch werden Ernährungsgewohnheiten traditionell weitergegeben und nicht dem schnellen Wandel der Arbeitsweisen unterworfen.

Gleichzeitig wächst jedoch ein Gesundheitsbewusstsein innerhalb der Bevölkerung, was bedeutet, dass sich immer mehr Menschen Gedanken um das, was sie ihren Körper zuführen, machen. Das Gefühl der Verantwortung für sich selbst, fördert andererseits verantwortliches Verhalten gegenüber Umwelt und Mitgeschöpfen. Waren Vegetarier in den siebziger Jahren noch belächelte Exoten, so finden sie heute eine breite Akzeptanz.

Viele Menschen betonen in Gesprächen ihre persönliche Bewunderung für Vegetarier, bedauern vielleicht sogar das eigene Unvermögen zur radikalen Ernährungsumstellung, halten aber trotzdem an familiär erworbenen Eßgewohnheiten fest.

Bei der gesamten Thematik der Massentierhaltung fallen zwei Aspekte besonders ins Auge. Zum einen ist das der ständig neu erhobene Vorwurf des massenhaften

Einsatzes von Medikamenten - die man in diesem Kontext getrost von der Wirkung her als „toxisch"[44] bezeichnen kann.

Zum anderen stehen wir völlig desinteressiert dem Leid fühlender Lebewesen, im Falle der Schweine: Sogar sehr sensibler, gegenüber.

Beides ist mit Massentierhaltung untrennbar verbunden.

Schweine sind „Allesfresser", was ihre Haltung vereinfacht. Zudem sind sie, ob es uns passt oder nicht, dem Menschen ziemlich ähnlich, was auch bedeutet, dass die Rückstände der unterschiedlichen Chemikalien, mit denen das Schweinefleisch angereichert ist, vom Menschen besonders gut aufgenommen werden. Bedenken sollte man auch hierbei wieder, dass es sich nicht nur um die während der Aufzucht zugesetzten Substanzen handelt, sondern auch um giftige Stoffwechselprodukte, sowie Stresshormone, die im Umfeld des Schlachtvorgangs freigesetzt werden.

Das alles nehmen wir nicht nur auf; wir müssen es auch umwandeln und zur Ausscheidung gelangen lassen – keine leichte Aufgabe für den Körper!

Die heute weitestgehend eingehaltenen Hygieneregeln sorgen zwar dafür, dass Lebensmittelinfektionen sehr selten vorkommen, jedoch darf nicht übersehen werden, dass die eigentlichen Erreger durch hohe Temperatureinwirkungen zwar abgetötet werden, ihre Stoffwechselgifte aber weiterhin wirksam sein können. Was eine häufige Ursache von Lebensmittelintoxikationen ist. Zudem ist Schweinefleisch auch besonders schnell verderblich.

Zu den von Mikroorganismen (Bakterien, Viren, Pilzen) gebildeten Giften zählen die rund 200 Mykotoxine, die beim Stoffwechsel von Pilzen anfallen. Sie gelten als zelltoxisch, immunsuppressiv und sowohl kanzerogen als auch mutagen, was bedeutet, dass sie im eigenen Körper zu einer Entgleisung auf zellulärer Ebene (bösartige Tumore), als auch bei der nächsten Generation zu einer Erbgutschädigung mit Mutation führen können.

Zu diesen Stoffen gehört das Ochratoxin, das im Schweinefleisch besonders im Blut, den Nieren, der Leber, dem Muskel- und Fettgewebe nachgewiesen wurde und ebenso in Blut- und Brühwurst. Hier ist besonders die nierenschädigende Wirkung hervorzuheben – aber auch die im Tierexperiment nachweisbare Veränderung der Erbsubstanz.

Toxoplasmen, kleine Sporentierchen, werden im Schweinefleisch regelmäßig nachgewiesen und können zumindest bei nicht vollständig gegartem Fleisch zur gefürchteten Toxoplasmose führen. Zumindest Schwangere sollten beim Genuss von Schweinefleisch besondere Vorsicht walten lassen.

---

[44] Toxisch bedeutet „giftig" im weitesten Sinn. Als Toxine bezeichnet man die (giftigen) Stoffwechselendprodukte von Mikroorganismen, Pflanzen oder Tieren.

Ebenfalls besonders häufig bei Produkten tierischer Herkunft (Wurst) sind die Endotoxine, Stoffwechselgifte des Bakteriums Staphylococcus aurecans.

Da sich bei Berufsgruppen, die viel mit Schweinen in Kontakt kommen (Züchter, Tierärzte und Schlachthauspersonal) verstärkt Antikörper gegen Influenza-Viren, die sonst bei Schweinen auftreten, nachweisen lassen, kann man vermuten, dass diese Viren Schweine als „Überlebensnischen" nutzen. Sie könnten Ruhephasen zum Strukturwandel nutzen und bei einem Kontakt mit Menschen so leichter die körpereigene Abwehr umgehen.

Das Fehlen von Antikörpern würde ihnen eine rasante Ausbreitung gestatten. Eine neuerliche „Grippe-Welle" wäre die Folge.[45] All diese Probleme möchte der Züchter natürlich vermeiden, ihr Auftreten nach Möglichkeit bereits im Vorfeld bekämpfen und tut dies mittels eines massiven Einsatzes von Chemikalien.

Da Schweine bekanntermaßen sehr sensible und extrem stressanfällige Tiere sind, gäbe es natürlich die Möglichkeit, stressauslösende Faktoren von vornherein zu minimieren.

Bei der profitorientierten modernen Massentierhaltung ist dies jedoch nicht einmal ansatzweise möglich. Beengte Verhältnisse und lebenslänglich Kunstlicht sind unverzichtbare Bestandteile von Tierfabriken. Die Tiere reagieren mit einer gesteigerten Histaminproduktion, sowie verstärkter Kortisonausschüttung.[46] Dadurch werden sie anfälliger für eine Vielzahl von Krankheiten, natürlich auch infektiöser Natur. Um das zu vermeiden, stehen wieder eine Vielzahl an antibiotisch wirksamen Substanzen auf dem täglichen Futterplan.

Da das einzig positive an einem derartigen Leben wirklich nur ein möglichst früher Tod ist, kann man den Einsatz von Präparaten zur Wachstumsförderung, hochdosiertes Kraftfutter und sedierende Mittel fast schon als Akt der Barmherzigkeit betrachten. Effizient ist die Schweinehaltung nur dann, wenn es gelingt, innerhalb von fünf bis sechs Monaten ein schlachtreifes Tier zu produzieren. Den sich wandelnden Verbraucherwünschen entsprechend, wurde ein Schwein kreiert, das mehr Rippen als für seine Art ursprünglich vorgesehen besitzt - wodurch es gestreckter und fettärmer ist.

Auch diese genetischen Veränderungen trugen dazu bei, die Stressanfälligkeit noch zusätzlich zu erhöhen.

Neben den medizinischen Futterzusätzen[47] und präventiv verabreichten Arzneimitteln sind es natürlich auch die im eigentlichen Futter enthaltenen Schadstoffe, die immer wieder Anlass zu besorgten Reaktionen von Verbraucherschützern geben.

---

[45] Auch bei der derzeitig befürchteten Geflügelgrippe Pandemie kann das Schwein als Zwischenwirt nicht ausgeschlossen werden.
[46] Kortison ist ein Stresshormon.
[47] Auch Östrogene sorgen durch ihren wasserbindenden Effekt im Körpergewebe für eine schnelle Gewichtszunahme.

Seit vielen Jahren wird bereits vor dem Verzehr innerer Organe gewarnt, da diese, besonders wenn sie der Entgiftung dienen, ein bevorzugter Ablagerungsort sind. Obwohl das Muskelgewebe aufgrund der fehlenden spezifischen Eiweiße, die eine Einlagerung ermöglichen, relativ arm an Schwermetallen (wie z.b. Blei) ist, finden sich doch vergleichsweise hohe Konzentrationen in Leber, Nieren und Knochen. Ähnlich verhält es sich mit Cadmium, das sich vorwiegend in Innereien – intrazellulär eingelagert – und besonders bei älteren Tieren, findet.

Organochlorverbindungen, wie PCB[48] können vom Körper ebenfalls nur schwer abgebaut werden, was bedeutet, das sie im Fettgewebe eingelagert werden. Zu den Stoffen mit pharmakologischer Wirkung, die ebenfalls zum Einsatz kommen, gehören Tranquilizer (Beruhigungsmittel) sowie Steroidhormone (Wachstumsförderer). Interessant auch hier immer wieder, wie stark Lobbyismus in Deutschland betrieben wird: Auf einer Fachtagung zum Thema Rheuma, bei dem auch die Entstehung von Osteoporose diskutiert wurde, erwähnte einer der Redner die zunehmende Ausbreitung von ehemals frauentypischen Erkrankungen auf Männer.

Als Grund dafür nannte er eine schleichende Verweiblichung des Mannes, die von Frauen ausgelöst würde, die ihre vergessenen Antibabypillen entweder zur Düngung des heimischen Gartengemüses nutzen, oder sie einfach in die Toilette spülen würden. Hier erübrigt sich eigentlich jeder Kommentar!

Denn auch wenn die Toilette nicht der ideale Ort zur Entsorgung überflüssiger Arzneimittel (welcher auch immer) ist, so wird doch der Schwarze Peter wieder einmal dem Verbraucher zugeschoben, der in diesem Falle wirklich nicht die Hauptschuld trägt.

Trotzdem möchte ich kurz auf die Veränderungen des Bindegewebes eingehen, die auch und h a u p t s ä c h l i c h durch für die Mast verwandte Östrogene entstehen. Warum Frauen häufig Cellulite haben, Männer aber nicht, ist sicher vielen bekannt. Die Anlage ist im unterschiedlichen Aufbau des Bindegewebes begründet, wobei Frauen parallel angeordnete Bindegewebsfasern aufweisen – diese garantieren eine größere Dehnfähigkeit während der Schwangerschaft – Männer verfügen über gekreuzte bindegewebige Fasern.

Das muss jedoch nicht so bleiben, denn weibliche Hormone in der Nahrung sorgen für eine Umstrukturierung des Bindegewebes. Praktisch eine „Geschlechtsumwandlung im Kleinen"!

Ja, hier lässt sich viel Geld sparen ...

Doch ist das nicht alles an medizinisch wirksamen Stoffen, was sich im Schweinefleisch nachweisen lässt.

---

[48] Polychlorierte Biphenyle

Um einen stressinduzierten Tod auf dem, mitunter recht langen, Wege zur Schlachtung zu vermeiden, werden häufig auch hochdosierte Betablocker gereicht. Betablocker werden in der Humanmedizin immer dann eingesetzt, wenn eine Absenkung des Blutdrucks angestrebt wird, sie gelten als nicht unproblematisch, da reich an Nebenwirkungen, und werden besonders von Frauen schlecht vertragen.

Vielfältig sind auch die Krankheiten, die den menschlichen Körper betreffen können und auf die sonstigen im Fleisch enthaltenen Rückstände zurückzuführen sind. Schon die übliche Nahrungskette, bei der im Boden enthaltene Substanzen über die Pflanze zum Tier und schließlich zum Menschen gelangen, kann eine Aufnahme von Pestiziden etc. nicht ausschließen, durch die Massentierhaltung potenzieren sich diese Schadstoffe jedoch.

So können z.B. die häufig nachgewiesenen Antibiotika zu Resistenzen führen, was bedeutet, dass Sie im Falle einer schweren bakteriellen Infektion nicht auf die Behandlung ansprechen, beziehungsweise derartig hoch dosiert werden müssen, dass schwere Nebenwirkungen auftreten können.

Gerade bezüglich der Therapie mit Antibiotika beklagen Ärzte seit langem eine zunehmende Resistenz, aber auch eine erhöhte Allergiebereitschaft seitens der Betroffenen.

Die allergischen Reaktionen sind dabei nicht nur auf die Haut beschränkt, was zwar äußerst unangenehm und sogar sehr schmerzhaft sein kann, aber immer noch ein Indiz für eine vom Körper eingeleitete Ausscheidungsreaktion ist, wirklich dramatisch sind jedoch Schockreaktionen.

Ich selbst erlitt nach einer Antibiotikatherapie einmal einen Tachykardie-Anfall mit über 200 Herzschlägen in der Minute und wurde mit dem Verdacht auf Herzinfarkt ins Krankenhaus eingeliefert. Patienten berichteten mir von rheumaähnlichen Symptomen, die ebenfalls im unmittelbaren Anschluss an eine Behandlung mit Antibiotika einsetzten. Die Übersetzung des griechisch-lateinischen Namens (anti = gegen, bios = das Leben) ist eben leider wirklich wörtlich zu nehmen!

Das Überhandnehmen von Pilzinfektionen (Mykosen) ist gleichfalls im engen Zusammenhang mit der Einnahme von Antibiotika zu sehen. Besonders Frauen leiden häufig an Mykosen der Fortpflanzungsorgane im Anschluss an eine Antibiotikatherapie. Antibiotika sind Gegenspieler der meisten Bakterien, genau wie Pilze. Aus diesem Grunde wurde im Zweistromland bei bakteriellen Erkrankungen mit Schimmelpilzen durchsetztes Brot gereicht.

Der gedankliche Ansatz ist identisch, auch wenn es sich einmal um eine Gabe der „Dreck- Apotheke" handelt und ein anderes Mal um eine segensreiche Erfindung der Pharmaindustrie.

Fleisch enthält jedoch auch Substanzen, die eine Schädigung der blutbildenden Organe hervorrufen können.

Störungen der Blutsynthese - wie auch eine Tendenz zur Tumorbildung - werden mit, auch bereits nachgewiesenen, radioaktiven Stoffen in Verbindung gebracht. Das Gleiche gilt für Hormone und hormonal wirksame Substanzen, wobei diese natürlich zusätzlich die Fortpflanzungsorgane beeinflussen und sowohl Zyklus- als auch Fruchtbarkeitsstörungen hervorrufen können.

Leberschäden können selbstverständlich von allen Rückständen – egal ob es sich um Pestizide, Schwermetalle oder Mittel gegen Parasiten handelt- hervorgerufen werden.

Besonders die Nieren werden durch Schwermetalle angegriffen, da es sich bei diesen Organen ebenfalls um klassische Entgiftungsstationen handelt. Auch gibt es zwar vielfältige Schutzmechanismen, die den Körper vor den Auswirkungen einer Vergiftung bewahren sollen, leider aber keinen absoluten Schutz. Und selbst das für unser Überleben so überaus wichtige Gehirn verfügt zwar über einen Blut-Hirn-Schranke genannten Mechanismus, der die Überschwemmung des Organs mit Giftstoffen verhindern soll, jedoch ist dieser nicht unüberwindlich; die Diskussionen um zunehmende Schwermetallablagerungen im Gehirn legen davon beredtes Zeugnis ab.

Eine weitere Stoffgruppe, die zu Störungen des Nervensystems führen kann, ist die der Pestizide.

Ist jedoch von Schwermetallen die Rede, dann meist von Quecksilber, das aufgrund seiner hohen Fettlöslichkeit auch im tierischen Gewebe in höheren Konzentrationen anzutreffen ist.

Zwar gibt es bislang keine gesicherten Erkenntnisse, dafür aber umso mehr Spekulationen um die im Menschen möglicherweise entstehenden Schädigungen. Nicht vergessen werden sollte der Grad der persönliche Vorbelastungen (Amalgamfüllungen) und ein generell hoher Quecksilberverbrauch in der Landwirtschaft, bei dem auch über die Nahrungskette Quecksilberanlagerungen in tierischen Organen erfolgen.

Die Organochlor-Verbindungen, besonders PCBs, zeigten im Tierexperiment Wirkung auf Haut, Blut, Milz und Thymus. Bei Rhesusaffen stieg nach der Verabreichung von PCB die Fehl- und Totgeburtenrate stark an und bei Mäuseembryonen wurde ebenfalls eine erhöhte Fehlbildungsrate nachgewiesen. Auch der Einfluss auf den Hormonhaushalt (Steroidsynthese) bedarf noch einer stärkeren Erforschung. Aufgrund fehlender Langzeitstudien ist es noch nicht möglich, direkte Zusammenhänge zwischen der Zunahme an PCBs in der Nahrung und krankhaften Veränderungen nachzuweisen, bedenkt man jedoch die im Tierversuch nachgewiesene embryonenschädigende Wirkung, so sollte die teilweise nicht unerhebliche Belastung der Muttermilch Anlass zum nachdenken sein.

Fest steht, dass sich PCBs in der Leber, den Nerven und ganz besonders dem Fettgewebe anreichern, was das Herstellen eines Zusammenhanges zwischen

Erkrankung und durch die Nahrung hervorgerufener chronischer Intoxikation, nicht gerade erleichtert.

Auch hierbei darf man jedoch nicht übersehen, in welch starkem Maße neurologische Erkrankungen zugenommen haben und das nicht nur die Creutzfeld-Jakob-Krankheit in einem direkten Zusammenhang mit der aufgenommenen Nahrung steht.

Bei vielen anderen Erkrankungen sind die Zusammenhänge vielleicht nicht so gut dokumentiert, auch hier verhindert Lobbyismus die längst fällige Forschungsarbeit, jedoch ist auffällig, das Krankheiten wie z.b. die multiple Sklerose in den westlichen Industrienationen wesentlich stärker vertreten ist, als anderswo – ein Zusammenhang mit den vorherrschenden Ernährungsgewohnheiten darf somit nicht ausgeschlossen werden.

Auffällig ist auch die starke Zunahme von Schlaganfällen, die mittlerweile die dritthäufigste Todesursache darstellen.

Medizinisch gesehen handelt es sich dabei um eine Arteriosklerose, mit der Lokalisation im Gehirn. Wenn schon das immer jüngere Alter der Betroffenen Bestürzung hervorruft (galt doch noch zu Beginn des 20. Jahrhunderts der Insult oder Apoplex als typische Todesursache alter Menschen), so verwundert noch mehr, dass nicht nur Schulkinder sondern auch Leistungssportler zu ihnen zählen. Die schlechte Ernährungssituation vieler Kinder in den Industrienationen ist bekannt, bei Sportlern setzt man jedoch einen bewussten Umgang mit der Nahrung voraus.

Wenn auch der eigentliche Schlaganfall nur „die Spitze des Eisbergs" darstellt, so kann man doch davon ausgehen, dass die Grunderkrankung, die zerebrale Durchblutungsstörung die mit ihren unspezifischen Beschwerdebildern, wie Kopfschmerz, Ohrensausen, Schwarzwerden oder Flimmern vor den Augen wesentlich mehr Menschen betrifft, als bislang angenommen.

Dazu kommen noch eine Vielzahl an Störungen der psychischen Befindlichkeit, wie Konzentrationsschwäche, Reizbarkeit und Erschöpfung, Verwirrtheit und Orientierungslosigkeit, aber auch Schlaflosigkeit und eine stärkere Reaktion auf Temperaturund sonstige Umwelteinflüsse. Allein das ständige Vorhandensein von Ohrgeräuschen (Tinnitus) ist eine Qual für alle, die darunter leiden und wird ebenfalls im Zusammenhang mit einer mangelhaften Durchblutung gesehen.

Interessant ist in diesem Zusammenhang auch, dass eine „Hunza" genannte, im Himalaja lebende Volksgruppe, die aufgrund ihrer Langlebigkeit schon immer Gegenstand intensiver Forschung war, kein Schweinefleisch isst. Ein generelles Schweinefleischverbot gilt im Islam, aber auch für Angehörige des Mosaischen Glaubens, zwar religiös motiviert, aber ganz sicher fand hier vordergründig die Sorge um die Volksgesundheit ihren Niederschlag.

Auch in tropischen Regionen wird zumeist auf Schweinefleisch verzichtet, da es sich wesentlich schneller zersetzt als andere Fleischsorten.

Schweinefleisch verfügt zudem über einen recht hohen Gehalt an Histamin. Zwar nicht von Natur aus, aber in der Stresssituation des gewaltsamen Todes kommt es zur Ausschüttung größerer Mengen. Histamin, das beim Abbau von Aminosäuren auch im menschlichen Körper anfällt, ist ein Gewebehormon und zwar ein „Entzündungsmediator"[49], was bedeutet, das es unterschiedliche entzündliche Vorgänge im menschlichen Körper auslösen kann, wobei entzündliche Hautreaktionen im Vordergrund stehen. Jedoch kann auch eine organische Beteiligung nicht völlig ausgeschlossen werden, zumal bei Einnahme bestimmter Medikamente, so dass auch Blutdruckkrisen beobachtet werden konnten.

Auch eine weitere Volksseuche, das kurz „Rheuma" genannte Beschwerdebild, wird durch die Ernährung im positiven wie im negativen Sinne, beeinflusst.

Zum rheumatischen Formenkreis zählen eine Vielzahl recht unterschiedlicher Krankheitsbilder, denen eines gemeinsam ist: Eine Schmerzempfindung, die mit fließend oder reißend umschrieben wird. Betroffen ist der Stütz- und Bewegungsapparat.

Eine häufige Lokalisation sind dabei die Gelenke, z.B. im Zusammenhang mit durchlittenen Infektionen (rheumatisches Fieber) oder mit Entzündungszeichen (chronische Polyarthritis), mit Harnsäurekristalleinlagerungen (Gichtarthritis) oder mit einem verstärkten Befall der peripheren Gelenke. Auch sehr spezifische Arthropathien (Gelenkerkrankungen) wie Sarkoidose und Morbus Whipple werden dem Rheumaoberbegriff zugeordnet.

Es gibt ferner systemische Erkrankungen des muskuloskelettalen Systems, die sowohl angeboren sein können, wie das Marfan-Syndrom oder Osteogenesis imperfecta (im Volksmund besser als „Glasknochenkrankheit" bekannt), aber auch die Hämochromatose (oder Bronzediabetes – eine Eisenresorptionsstörung) wird hierzu gezählt und ebenso das Mittelmeerfieber. Zu den nicht angeborenen Formen gehören Sklerodermie und Lupus erythematodes, eine Autoimmunerkrankung, bei den letztgenannten Fällen ist das Bindegewebe betroffen.

Eine weitere große Untergruppe bilden die Erkrankungen von Knochen und Knorpel. Degenerative Erkrankungen der Wirbelsäule, die sowohl Wirbelkörper als auch Zwischenwirbelscheiben betreffen können, sind vielen nur zu gut bekannt, allerdings gibt es auch hier infektiöse Verlaufsformen.

Und letztendlich eine Vielzahl eigenständiger Krankheitsbilder, die unter „Weichteil-Rheumatismus" zusammengefasst werden und die Schleimbeutel (Bursitiden), Sehnen und Sehnenscheiden (Tendinosen) oder die Muskulatur (Myositis) betreffen können. Auch einige Kompressionssyndrome (Karpaltunnel-Syndrom) oder fibroblastische Umbildungen (Dupuytren-Kontraktur), Myopathien (angeborene

---

[49] Mediatoren (von lateinisch: Mittler), werden hormonähnliche Wirkstoffe genannt. Am bekanntesten sind die zu den Gewebshormonen gehörenden Kinine und Prostaglandine sowie Serotonin, das genau wie Histamin zu den biogenen Aminen gehört.

Erkrankungen des Muskelstoffwechsels) und Fibromyalgien gehören in diese Kategorie.

Als metabolische (also stoffwechselabhängige) Gelenkerkrankung werden dabei nur sehr wenige, wie die Gichtarthritis[50], angesehen.

Auch bei den übrigen Formen, wie dem Weichteilrheumatismus, spielt die Ernährung eine wichtige Rolle.

Wie bereits an anderer Stelle erörtert, erfüllt das Bindegewebe innerhalb des Körpers die Funktion eines „Filtersystems", bei dem zunächst einmal „Schlacken" anfallen. Wo diese nicht vollständig entsorgt werden können, werden sie gespeichert. Diese Stoffe werden beispielsweise während des Fastens freigesetzt, so dass es besonders in den ersten Fastentagen zu einer Vielzahl an Beschwerden kommen kann, was häufig der Grund ist, das Fasten abzubrechen. Die Ursache für diese Befindlichkeitsstörungen ist allerdings physiologisch; es werden Giftstoffe aus den Depots freigesetzt und das stellt natürlich eine (zusätzliche) Belastung für den Körper dar. Hier empfiehlt sich die Einnahme eines alkalisierenden Pulvers (wie Basica) um der Übersäuerung des Körpers entgegenzuwirken.

Reichliches Trinken ist während einer Fastenkur ebenfalls unerlässlich.

Zu einer verstärkten Ausschleusung von Bindegewebsschlacken tragen auch Wärmeanwendungen und viel Bewegung bei – diese Erfahrungen liegen der Fastenwander- Bewegung zugrunde.

Bei allen Erkrankungen des rheumatischen Formenkreises ist eine gründliche Entgiftung im Vorfeld unerlässlich, wenn die Umstellung der Ernährung erfolgreich sein soll.

Zu dieser Umstellung gehören ein weitgehender Fleischverzicht (ganz besonders auch auf Wurstwaren!), das Vermeiden von stark gesalzenen, geräucherten und gepökelten Waren, aber auch von Produkten aus Weizenauszugsmehlen und Zucker.

Obst und Gemüse, Frischkornbrei, Honig, Nüsse, Kräuter, Kräutertees sollten bevorzugt werden. Alkohol, Kaffee und Cola oder stark gesüßte Fruchtsäfte hingegen sind zu meiden.

Bezüglich der Zubereitung von Fleisch gilt: Auch wenn bestimmte Garverfahren, wie beispielsweise das Grillen, als quasi „veredelnd" angepriesen werden, darf man nicht

---

[50] Die im Volksmund kurz als „Gicht" bezeichnete Stoffwechselstörung ist auf einen Purinüberschuss der Nahrung zurückzuführen. Purine, als Bestandteil der Nukleinsäuren werden zu ausscheidungspflichtiger Harnsäure abgebaut. Bei vorgeschädigtem Stoffwechsel befindet sich jedoch zuviel Harnsäure im Blut, was zu Ablagerungen von Kristallen in der Gelenken oder auch den Nieren (Nierensteine) führen kann. Schweinefleisch enthält besonders viel Purine und zwar weniger im Fett, dafür umso mehr in der inneren Organen. Nicht nur für Gicht-Patienten, sondern alle Rheumatiker und beim Nachweis von Nierensteinen ist äußerste Zurückhaltung im Umgang mit purinreichen Nahrungsmittel angezeigt. Das gilt auch für Fisch (besonders Sardellen) und einige Hülsenfrüchte (Linsen).

vergessen: hier werden vor allem Spurenelemente reduziert. Allein der Eisengehalt nimmt um ca. 20% ab und bis zu 25% minimiert sich der Gehalt an Natrium und Kalium.

Der Cholesteringehalt kann sich bei hohem Wasserverlust während der Zubereitung sogar ein wenig erhöhen. Wird Fleisch gebraten, sinkt der Puringehalt geringfügig, Sie sollten jedoch auf den Bratensaft verzichten, dort finden Sie die Purine nämlich wieder! Vitamine sind generell nicht hitzestabil und werden weitgehend zerstört. Da besonders der höhere Vitamin-B-Gehalt von Schweinefleisch gern als Argument für seinen Verzehr herhalten muss, lassen Sie sich gesagt sein: Davon bleibt nicht viel erhalten.

Ein weiteres Problem ist die Haltbarmachung. Zu den gängigsten Verfahren zählen dabei das Pökeln und das Räuchern. Diejenigen, die schon einmal eine Ernährungsumstellung in Angriff genommen haben, werden sich sicher erinnern: Zu den ersten Nahrungsmitteln, die der Rubrik „Verzicht auf ..." zugeordnet werden, zählen neben Weißmehl- und Zuckerprodukten auch Räucher- und Pökelwaren. Bei gepökelten Fleischwaren steht als angestrebter Effekt zuerst die Haltbarkeit bei einem ansprechenden Äußeren (Farbe) und angenehmem Geruch im Vordergrund.

Die antimikrobielle Wirkung des Pökelns basiert auf dem Kaliumnitrat bzw. Natriumnitrit, das dem Speisesalz zugefügt wird und das eine chemische Verbindung mit dem Fleisch eingeht.

Nitrit in großen Mengen reagiert mit den roten Blutkörperchen, die ihre Fähigkeit Sauerstoff aufzunehmen, verlieren. Es kommt schließlich zum Erliegen der „inneren Atmung".

Auch wenn lebensmittelrechtliche Vorschriften eine derartig massive Vergiftung verhindern, bleibt das Problem der Nitrosamine, stark karzinogen wirkender Substanzen.

Diese entstehen dann, wenn Gepökeltes wie Kasseler oder Speck gebraten werden. Auch das Räuchern dient nicht ausschließlich der längeren Haltbarkeit. Die geschmackliche Aufwertung spielt ebenfalls eine Rolle. Der Rauch enthält Benzpyrene[51], deren Konzentration mit steigender Räuchertemperatur zunimmt. Neben der bakterienabtötenden Wirkung haben wir also leider auch eine Anreicherung mit stark krebserregenden Substanzen zu verzeichnen.

Gängige Krebsentstehungstheorien gehen von höchst unterschiedlichen Noxen[52] aus: der erhöhte Fettverzehr kann jedoch zumindest für die Entstehung bestimmter Krebsraten, wie Brust- und Mastdarmkrebs, als gesichert gelten.

---

[51] Benzpyrene gehören zu den Karzinogenen. So nennt man Substanzen oder auch Faktoren, die bei Mensch und Tier das Auftreten maligner (bösartiger) Tumoren begünstigen.

[52] Als Noxen werden Schadstoffe oder krankheitserregende Ursachen bezeichnet. Vom lateinischen Wort „noxa" (Schaden).

Neben dem belasteten Schweinefleisch gibt es natürlich auch immer noch die Gefahr, die von der als BSE[53] bekannten, (auch) bei Rindern auftretenden Seuche ausgeht.

Die wirksame Bekämpfung ist einerseits schwierig und andererseits nicht mit der Interessenlage von Agrarverbänden zu vereinbaren. Auch hier erleben wir eine massive Fehlinformation seitens der verantwortlichen Kreise.

Interessant an BSE ist, dass es einen ganzen Komplex sich sehr ähnlich darstellender Krankheitsbilder gibt, die bezüglich ihrer Symptomatik gar keine klare Abgrenzung voneinander zulassen. Eine epidemisch auftretende Erkrankung bei Schafen (Scrapie, dt.:Traberkrankheit), ist in Großbritannien bereits seit 1732 bekannt und stellt sich bei den befallenen Tieren in einer dem Rinderwahnsinn sehr ähnlichen Art und Weise dar.

Die Diagnose ist extrem schwierig, da die Krankheit manchmal erst fünf Jahre nach der Ansteckung ausbricht. Die in diesem Zeitraum geborenen Lämmer sind natürlich ebenfalls infiziert. Eine weitere Infektionsmöglichkeit ist über die Grasmilbe gegeben, die dem Erreger ein längerfristiges Überleben ermöglicht. Importe von infizierten Schafen erfolgten nach Asien, Südafrika, Nordamerika, Australien und Neuseeland und etliche europäische Länder.

Möglicherweise ist der „Rinderwahnsinn" so alt wie Schafs-Scrapie, dabei aber mit ziemlicher Sicherheit nur in Einzelfällen aufgetreten und dann als Tollwut, Listeriose oder Aujeszky'sche Krankheit diagnostiziert worden. Erst im Jahre 1985, als es zu einem Massensterben in amerikanischen Nerzfarmen kam, wo man die Tiere mit Rindfleischkadavern gefüttert hatte, trugen die neurologischen Symptome dazu bei, eine eingehende Untersuchung zu veranlassen.

Man ordnet die Erkrankung anhand des histologischen Hirnbefundes bei den „übertragbaren schwammförmigen Hirnerkrankungen" (TSE) ein. Nachdem nun feststand, dass es sich um eine infektiöse Krankheit handelt, galt das Interesse den Spezies, die von ihr befallen sein könnten. Zu diesen zählt neben Ziegen (gemeinsame Weideplätze mit befallenen Schafen) und Rindern, sowie Hauskatzen und Großkatzen in Tiergärten und Zoos (Fütterung mit infiziertem Fleisch) auch der Mensch.

Auffällig war hier besonders das sehr jugendliche Alter. So starben 1996 zehn junge Briten an einer eher seltenen Erkrankung des Gehirns: der Creutzfeldt – Jakob – Krankheit. Diese hatte man bis dato gemeinhin mit einem höheren Lebensalter in Verbindung gebracht.

Davon einmal abgesehen, dass hier die Diagnose sehr erschwert wird, da auch die senile Demenz vom Alzheimertypus mit ähnlichen Symptomen aufwarten kann, kennen wir derzeitig eine ganze Reihe von den Menschen befallenden Krankheiten,

---

[53] Bovine spongiforme Encephalopathie

die mit einer Strukturveränderung des Gehirns einhergehen. Schwammartige (spongiforme) Gehirne lassen sich sowohl bei an CJK (oder CJD) oder dem Gerstmann–Sträussler–Scheinker–Syndrom, als auch an familiärer Insomnie oder an dem Heidenhain – Syndrom Verstorbenen nachweisen.

Viele der im Zusammenhang mit infizierter Nahrung auftretenden Symptome sind jedoch auch bei etlichen anderen Erkrankungen des Gehirns und seiner Nerven bekannt.

So waren es in Neuguinea tätige Anthropologen, die in der Mitte der 50er Jahre des 20. Jahrhunderts bei dem dort ansässigen Volk der Fore auf ein eigenartiges Krankheitsbild stießen, das binnen kurzer Zeit unweigerlich zum Tode führte. Geprägt wurde das äußere Erscheinungsbild dieser Krankheit durch ein kleinschlägiges Muskelzittern und ungenaue Zielbewegungen - motorische Probleme wie sie beispielsweise auch von der parkinsonschen Erkrankung bekannt sind.

Die subjektiv empfundenen Beschwerden ähnelten denen eines grippalen Infektes. Innerhalb weniger Monate griff das Zittern auf den gesamten Körper über, die Sprachfähigkeit ging verloren und eine zunehmende Bewegungsunfähigkeit machte sich bemerkbar. Spätestens ein halbes Jahr nach dem Auftreten der ersten Symptome verstarben die Betroffenen. Das Interesse der Forscher wurde durch die auffällige Bevorzugung bestimmter Personengruppen geweckt. So erkrankten Frauen und Kinder besonders häufig, was die Suche nach der Krankheitsursache erleichterte. Allen Toten gemeinsam war nämlich die Teilnahme an kannibalistischen Begräbnisritualen, bei denen ein Schleimhautkontakt mit der infizierten Gehirnmasse der Toten erfolgt war. Männliche Kinder nahmen von einem gewissen Alter an nicht mehr an diesen, Frauen vorbehaltenen, Ritualen teil, was die Beschränkung auf männliche Kinder nur bis zu einer bestimmten Altersgrenze unter den Neuinfizierten erklärt.

Nachdem die kannibalistischen Riten nicht mehr durchgeführt wurden, konnte die epidemisch auftretende Kuru-Krankheit (der Name leitet sich vom charakteristischen Hauptmerkmal - dem Zittern- ab), rasch eingedämmt werden.

Es lag nahe, nun auch das Übergreifen auf andere Spezies zu erforschen, zumal es zwischen 1960 und 1970 zum Auftreten einer als „Chronische Auszehrung" bezeichneten Erkrankung unterschiedlicher Hirscharten in den USA, und später auch in Kanada, kam.

Dabei wurden Kontakte mit Scrapie erkrankten Schafen als Ursache angenommen, die in Gemeinschaftsgehegen durchaus möglich waren und eine anschließende Ausbreitung unter den freilebenden Tieren. Betroffen waren Wapitis, sowie Weiß- und Schwarzwedelhirsche.

Aus britischen Zoos bekannt war der Befall einiger antilopenartiger Tiere und aus deutschen wurde von Enzephalopathien bei Straußenvögeln berichtet.

Besonders dramatisch ist der Fall eines Italieners, der die gleichen Symptome wie seine Katze aufwies.

Die gemeinsame Erregervariante war weder mit dem Verursacher von Creutzfeldt – Jakob –Krankheit noch mit dem für Katzen – FSE identisch!

Man versuchte nun, die beim Menschen aufgetretenen Erkrankungen (Kuru und CJD) auf Tiere zu übertragen, da man davon ausgehen konnte, dass der Infektionsweg in umgekehrter Richtung ebenso gut möglich ist. Kuru konnte auf einige Affenarten, Nerze und Frettchen übertragen werden, während sich CJD als infektiös für Affen, Katzen, Ziegen, Meerschweinchen, Hamster und Mäuse erwies. Andere Erreger wie der für Scrapie, BSE, TME oder CWD (der chronischen Auszehrung der Hirschartigen) wirkten z.T. auch noch für ein wesentlich erweitertes Wirtsspektrum hoch infektiös. Wissenschaftler bemängeln die mehr als mangelhafte Aufklärungsarbeit, da die Übertragung des BSE-Erregers von Wiederkäuern auf Fleischfresser bereits 1990 zu einem Umdenken hätte führen müssen. Der wahre Skandal ist die Vertuschung des Auftretens von BSE in Primaten, was außerhalb der Wissenschaftler Kreise sehr wenig bekannt wurde.

Zu den Ursachen für die Entstehung der spongiformen Enzephalopathien gibt es einige Spekulationen, wobei die Anhänger der Virus-Theorie wohl derzeitig die Mehrheit stellen.

Diskutiert wird zudem eine Ausbreitung über infektiöse Eiweiße sowie der Verdacht eines britischen Landwirtes, das Insektizid „Phosmet" – in Großbritannien gegen Dasselfliegen im Einsatz – sei für die BSE-Ausbreitung verantwortlich.

Da dieses Mittel ein starkes Nervengift ist und zudem über die Rücken der Tiere gestreut wird, kann man diese Gedankengänge zumindest nachvollziehen. Eine Aufnahme toxischer Stoffe über die Haut und eine Zerstörung der Nervenzellen ist jedenfalls denkbar.

Ein zusätzliches Verdachtsmoment ergab sich aus der Tatsache, dass sowohl in Großbritannien als auch der Schweiz sowohl „Phosmet" flächendeckend zum Einsatz gebracht wurde und dort ebenfalls eine Häufung an BSE-Erkrankungen auftrat. Mittlerweile gibt es auch einige Wissenschaftler, die diese Entstehungstheorie favorisieren.

Wahrscheinlicher ist jedoch, dass den Schweizer und auch den Britischen Rindern statt des teureren Sojamehls billiges, aber infiziertes Tiermehl verabfolgt wurde.

Für die Agrarwirtschaft am akzeptabelsten ist die Prionhypothese, welche infektiöse Eiweiße (Prionen) für die Ausbreitung spongiformer Hirnkrankungen verantwortlich macht. Das infektiöse Eiweiß (PrP) aus den betroffenen Gehirnen unterscheidet sich nicht in der chemischen, sondern nur in der räumlichen Struktur: sie weisen eine ungewöhnliche Faltung auf. Diese soll den Abbau verhindern, wodurch es im Gehirn abgelagert wird. Es wird vermutet, dass das Prion, nachdem es in eine gesunde

Nervenzelle des Gehirns eingedrungen ist, sofort die Entstehung der PrP-Eiweiße vorantreibt.

Eine logische Schlussfolgerung war der Versuch, das PrP erzeugende Gen, ohne dessen Anwesenheit der Ausbruch von CJD gar nicht erst möglich wäre, sowohl beim Menschen, als auch bei Tieren auszuschalten. Ein Plan, der aufgegeben werden musste, als man herausfand, das Prioneiweiß eine wichtige Funktion bei der Gedächtnisbildung hat.

Sollte sich diese Hypothese als wahr erweisen, so versteht es sich von selbst, dass Organspenden und Bluttransfusionen der besonderen Aufmerksamkeit bedürfen, da sie von infizierten Personen stammen können. Andererseits wäre die als nvCJD bezeichnete, den Menschen befallene BSE – Form, die einzige der spongiformen Hirnerkrankungen, die als „infektiös" definiert wird.

Die Virus-Theorie ist die mit der weitaus größten Akzeptanz. Da verschiedene Stämme des Erregers, auch aus einem einzigen Individuum isoliert werden können, drängt sich der Verdacht auf, das es sich hier um einen Erreger handelt, der diese Eigenschaften bereits mitbringt.

Und: Die Infektiosität lässt sich vom pathologischen Eiweiß trennen, was ein Hinweis darauf ist, das wir es hier nicht mit der eigentliche Ursache, sondern einer Folge der Infektion zu tun haben.

Da innerhalb der pathologischen Eiweiße extrem kleine Partikel von gerade einmal 10 nm im Schnitt gefunden wurden, vermutet man einen bislang unbekannten Virus (die kleinsten bekannten waren immerhin noch 18 nm „groß").

Diese Partikel konnten bei Scrapie u n d CJD befallenen Opfern festgestellt werden - jedoch nicht bei Alzheimerpatienten.

Da amerikanischen Forschern gelang, mit Leukozyten aus dem Blut gesunder (!) Menschen bei Hamstern spongiforme Hirnerkrankungen auszulösen wird gemutmaßt, dass ein hoher Prozentsatz der Bevölkerung infiziert ist, ohne dass es – ähnlich wie beim Herpesvirus – bei jedem der Betroffenen zu klinischen Symptomen kommen muss. Da die Faktoren, die dazu führen, dass Erreger in das Gehirn gelangen und dort die Erkrankung auslösen, unbekannt sind, ist jedoch Vorsicht im Umgang mit potentiell gefährdenden Stoffen geboten.

Nicht vernachlässigen darf man in diesem Zusammenhang die Diskussion um die hochfrequenten Ströme. Seit Jahren weisen Mobilfunkgegner darauf hin, dass elektromagnetische Strahlung der Gesundheit schadet und das unabhängig davon, ob ein nachweisbarer thermischer Effekt (also eine Erwärmung des Körpergewebes) auftritt – oder nicht.

Die Blut-Hirn-Schranke ist ein körpereigener Schutzmechanismus, der genau diesen Gefahren – dem Übertritt von schädigenden Stoffen ins Gehirn – entgegenwirken soll. Das eine erhöhte Durchlässigkeit dieser Blut-Hirn-Schranke unter dem Einfluss von Hochfrequenzstrahlung zu verzeichnen ist, weiß jeder Neurologe.

Man muss leider feststellen, dass alle Spezies - einschließlich des Menschen – durch unterschiedliche TSE –Varianten gefährdet sind. BSE ist nur eine davon.

Inoffizielle Zahlen gingen in den neunziger Jahren von etwa 80 bis 160, zum Teil auch nicht erkannten, CJD – Toten in Deutschland aus.

Sollten Sie auf Ihr Rindfleisch nicht verzichten wollen, so fragen Sie beim Einkauf nach getestetem Fleisch und das unabhängig vom Herkunftsland. Britisches muss an einem speziellen Aufdruck (Sechseck mit „XEL" und Zulassungsnummer) erkennbar sein.

Für Fleisch vom Schaf gilt, das es ähnlich stark belastet ist (Scrapie). Als unbedenklich gilt hier lediglich Fleisch von neuseeländischen Schafen.

Da Schweine ihrem Futter besonders hohe Anteile an Tiermehl zugefügt bekommen dürfen, ist die Chance der Infektion ebenfalls sehr hoch. Auch wenn bisher keine klinischen Symptome beobachtet wurden, so können sie doch als BSE-Träger in Frage kommen.

Besonders gefährlich wären auch hier die Produkte, die Innereien und Blut enthalten dürfen.

Auch als Schweinefleischwurst ohne Rindfleisch deklarierte Ware, d a r f Innereien vom Rind enthalten und tut es auch. Hier hilft nur die vertrauensvolle Nachfrage beim Hausschlachter.

Zum Thema des „gesunden Geflügels" bleibt noch anzumerken, dass die landläufige Meinung zwar von BSE-freiem Geflügel ausgeht, ein britischer BSE-Experte aber bereits, bei der Untersuchung von Hühnern mit auffälligen Krankheitssymptomen die typischen schwammförmigen Veränderungen im Gehirn diagnostizierte.

Auch wenn seit 2001 in der EU das Verfüttern von Tiermehl an Geflügel verboten ist, bleibt die Zufütterung von Fischmehl erlaubt. Forellen, Lachse und Aale, die aus Farmen stammen, werden mit tiermehlhaltigem Futter aufgezogen und können so einmal infiziert sein und zudem auch noch als Fischmehl den Erreger weiter geben. Hirschartige scheinen besonders anfällig für spongiforme Enzephalopathien zu sein und zumindest Importe aus Nordamerika sollten, der dort aufgetretenen Fälle wegen, nicht konsumiert werden.

Fleisch- und Wurstwaren aus dem Öko-Landbau sind weitestgehend unverdächtig. Hier sind nämlich sowohl der Einsatz von Tiermehl, als auch von Tierkörperfetten in den sogenannten Milchaustauschern verboten.

Allerdings verweist die Autorin Dagmar Braunschweig-Pauli auch auf einen Jodallergiker, der auf Biofleischgenuss mit den typischen Allergiesymptomen reagierte. Recherchen der, allerdings sehr kooperativen, Biohändler wiesen verunreinigtes Aufzuchtfutter nach.

Grundsätzlich verbietet sich der Einsatz dieser angereicherten Futtermittel für die Bioketten.

Auch Milch und Milchprodukte sind, entgegen anders lautender Versicherungen, nicht BSEErreger unverdächtig. Selbst Ultrahocherhitzung ist nicht ausreichend um diesen sehr widerstandsfähigen Erreger zu inaktivieren. Gelatine, wird zwar nicht aus britischer Rohware, jedoch aus der anderer europäischer Länder mit BSE-Nachweis, gewonnen und sollte zumindest Kindern nicht verabfolgt werden. Auch Säuglingsnahrung (Milchpulver, Rinderfette und Rindereiweiße) muss man leider als problematisch bezeichnen.

Auch die Fitnessbranche könnte das Risiko der Verbreitung von CJD-, BSE- und Scrapie -Erregern noch vergrößern, da gerade die in der Bodybuilding-Szene auch heute noch sehr verbreiteten Anabolika aus undefinierbaren Gemischen aus hormonproduzierenden Drüsen bestehen.

Vorsicht im Umgang mit der angebotenen Ware ist die einzige Form des Verbraucherschutzes, die von diesem selbst ausgeübt werden kann – sämtliche Empfehlungen bezüglich der Zubereitung, wobei spezielle Verfahren wie Einlegen in Essig oder die Benutzung eines Dampfdruckkochtopfes keinerlei Auswirkungen auf die Infektiosität haben.

Aber auch ohne die Schrecken der großen Infektions-Pandemien bleibt vieles, was den Fleischgenuss stark beeinträchtigt, um nicht zu sagen: Den Bissen buchstäblich im Halse stecken bleiben lässt.

Toxoplasmen im Schweinefleisch, fettlösliche Pestizide im Fettgewebe – und kein Ende ist abzusehen...

In einer einzigen Rinderniere wurden bis zu sechs verschiedene Sexualhormone nachgewiesen, darunter natürlich auch Östrogen. Ist es da ein Wunder wenn immer mehr Männer an vormals „klassischen" Frauenleiden erkranken? Wenn man berücksichtigt, dass Hormonen nachgesagt wird, dass sie Wasser im Körpergewebe binden, die Neigung zur Thrombenbildung fördern und zumindest als Co-Faktor in Krebsentstehungstheorien auftreten – erscheint es dann wirklich verwunderlich, dass gerade diese Krankheitsbilder endemische Züge in unserer Gesellschaft annehmen? Fleisch enthält zudem häufig Cadmium, Cortison, Betablocker und Psychopharmaka. Auch der Einsatz von psychotrop wirksamen Substanzen erfolgt um die Masttiere ruhig zu halten – sie setzen dann mehr Gewicht an und setzten ihren Stress nicht in aggressives Verhalten mit unter Umständen selbstzerstörerischen Tendenzen um. Antibiotika werden „prophylaktisch" mit dem Futter gegeben, da bakterielle Infektionen bei Tierhaltung im großen Stil überhaupt nicht zu vermeiden sind.

Nachgewiesen wurden außerdem auch Perchloräthylen und Nitrat, wobei letzteres im Körper zu Nitrit umgewandelt wird und durch seine Anbindung an Aminosäuren die krebsauslösenden Nitrosamine bildet. Auch Parasiten vermehren sich rasant – durch Massentierhaltung! Einige Epidemiologen warnen seit langem vor dem Auftreten immer schwerer beherrschbarer Infektionen.

So wie die Überhandname von Antibiotika in der Tierproduktion zu einem Zuwachs der resistenten Keime und einem gehäufteren Auftreten von Harnwegsinfektionen führt, so großzügig handhabt die Lebensmittel-Zusatzstoffverordnung die Verwendung verschreibungspflichtiger Arzneimittel. Unter dem harmlos wirkenden Kürzel E 239 verbirgt sich in der Provolone –Käserinde ein aus Ammoniak und Formaldehyd synthetisiertes Therapeutikum gegen Harnwegsinfekte: Hexamethylentetramin – hier im Gewand des Lebensmittelzusatzes. Für die Pharmaindustrie das reinste Paradies: Krankmachende Stoffe in der Nahrung und Stoffe zu deren Bekämpfung, die andere Krankheiten auslösen können, gleich mitgeliefert. Selbstmord auf Raten – mit Messer und Gabel! In europäischen Zentren der Massentierhaltung (Brabant, Flandern, Bretagne und Vechta- Cloppenburg) fiel bereits so viel Gülle an, dass landwirtschaftliche Nutzflächen sie nicht mehr aufnehmen konnten. Der Boden wurde mit anfallendem Stickstoff dermaßen übersättigt, dass eine Verunreinigung des Grundwassers die Folge war.

In Argentinien fand eine groß angelegte Vernichtung von Getreideflächen für die „Fleischproduktion"[54] statt, während andererseits nach der Erweiterung der europäischen Gemeinschaft und der damit verbundenen Flächenvergrößerung Irland auf Rindfleischbergen festsaß. Eine der landschaftlich reizvollsten Gegenden Europas, das Nestos-Delta im Nordosten Griechenlands, in dem einst Flamingos und Pelikane siedelten, wurde durch eine radikale Flurbereinigung zur landwirtschaftlichen Nutzfläche.

Ein Thema von besonderer Brisanz ist jedoch das Elend empfindungsfähiger Lebewesen, dass sich hinter dem Begriff der „Fleischproduktion" verbirgt. Maschinell erbrütete Hühnerküken erblicken das Licht der Welt auf einem Fließband, von dem sie manuell entfernt, auf ihr Geschlecht geprüft werden und für den Fall, dass es sich um männliche Tiere handelt, kopfüber in die nächste Abfalltonne befördert werden. Nein, sie werden natürlich n i c h t vorher getötet – warum auch – das erledigt schließlich die Last der nachfolgenden Tiere.

Die „glücklich" Überlebenden fristen den Rest ihres kummervollen Daseins in einer der sogenannten Legebatterien. Natürlich sind auch die männlichen Jungtiere nicht ohne Nutzen, allerdings wieder für andere „Produzenten" – dieses Mal, den Erzeugern von Grillhähnchen.

Auch das ist keineswegs ein beneidenswertes Schicksal. Denn in den meisten Fällen erfolgt der erste Kontakt mit Tageslicht für die jungen Hähne auf dem kurzen Weg

---

[54] Problematisch in diesem Zusammenhang ist auch, dass für die „Erzeugung von Fleisch" wesentlich mehr Wasser benötigt wird, als für die gleich Menge des – ernährungsphysiologisch wertvolleren – Getreides erforderlich ist.

zum Transporter der sie zum Schlachthof fährt. Weshalb es auch ihr e i n z i g e r bleibt.

Illegale Tiertransporte quer durch Europa und die damit erzielten Millionengewinne werden zwar immer wieder einmal thematisiert – ändern tut sich daran kaum etwas! Wie eingangs erwähnt, sind Sexualhormone und Schilddrüsenhemmer unverzichtbare Bestandteile der Massentierhaltung geworden. Die ersten sorgen durch ihr Wasserbindungsvermögen für ein künstliches Aufschwemmen und somit mehr Gewicht, letztere bewirken Antriebsarmut und stellen somit die Tiere ruhig, auch das sorgt letztlich für zusätzliches Gewicht. Diese Effekte lassen sich in der Bratpfanne nachweisen: Schrumpft das Fleisch, ist es verdampfendes Wasser, Rückstände dieser Stoffe entfalten auch im menschlichen Organismus ihre unheilvolle Wirkung, so zum Beispiel: Verzögerte Wundheilung, Magenschwäche, Abbau von Knochengrundsubstanz und Schwächung der Infektabwehr in einem Maße, dass normalerweise nicht pathogene Keime sehr gefährlich werden können. Bei Kindern können außerdem Wachstumsstörungen auftreten und auch psychotische Reaktionen sind beobachtet worden (Kapfelsberger/Pollmer, Iß und stirb, München 1986).

Da wir uns bereits mit Stoffen, die streng genommen keine Nahrungsmittelzusätze, sondern medizinische Wirksubstanzen sind, auseinandersetzen mussten, möchte ich auch hier noch einmal auf die häufig mehrfache Anreicherung mit „Arzneien" hinweisen. Denn nicht nur das zum Verzehr bestimmte Erzeugnis wird damit belastet, auch – im Falle der tierischen Produkte - der tierische Organismus. Denn auch wenn es ein Widerspruch zu sein scheint, wenn Tiere, die ruhig gestellt werden sollen, ein aktivitäts-förderndes Mineral wie Jod in die Futtermischung bekommen, so ist doch genau das der Fall. Zudem auch noch in hohen Mengen, denn es kann sich dabei um die tausendfache Menge dessen, was ein Tier zur Gesunderhaltung bräuchte, handeln. Dass sich diese gewaltigen Überschüsse im Fleisch des Tieres einlagern, werden Ihnen Tierärzte bestätigen. Solche Mengen kann der tierische Organismus gar nicht abbauen.

Man kann also behaupten, dass Tiere hier als Medikamententräger missbraucht werden.

Obwohl die meisten von Ihnen bei durch Fehlernährung ausgelöste Krankheiten, sicher zunächst an die, umgangssprachlich unter dem Begriff „organisch" zusammengefassten, denken, gibt es eine Vielzahl von psychischen Auswirkungen, die wesentlich schwerer zu diagnostizieren sind. Auch hier kann sich eine Veränderung im organischen Bereich (dem Gehirn) darstellen, allerdings wird sie seltener erkannt. Häufiger handelt es sich jedoch um subjektive Störungen der Befindlichkeit, die auch zu massiven Wesensveränderungen führen können. Es liegt in der Natur der Dinge, dass eine Abgrenzung zwischen „normalem" Verhalten und Verhaltensanomalien, gewöhnlich recht schwer fällt.

Mit einem, meist kurzfristigen, Gefühl des Unwohlseins werden sicher die meisten von Ihnen schon Bekanntschaft gemacht haben und zwar immer dann, wenn sie Glutamatbeigaben in der Nahrung zu sich genommen haben.

Wurstwaren wird häufig Glutamin als Geschmacksverstärker beigesetzt, das als Auslöser des „China-Restaurant-Syndroms" zu unrühmlicher Bekanntheit gelangte. Zu den möglichen Befindlichkeitsstörungen zählen neben Übelkeit, Schläfrigkeit und Durstgefühl, auch Kopf- und Bauchschmerz, Taubheit in den Beinen und Brustenge. Auch wenn, nach Herstellerangaben, etwa 600 wissenschaftliche Studien in den USA erstellt wurden, die die Unbedenklichkeit von Glutamat bestätigen (Intersnack-Info). „Glutamat bleibt ein Nervenzellgift" sagt der Heidelberger Molekularbiologe Konrad Beyreuther.

Bei den sogenannten neurodegenerativen Erkrankungen, wie der senilen Demenz vom Alzheimer Typus, Morbus Parkinson oder Multipler Sklerose kann Glutamat auslösend oder symptomverstärkend wirken.

Längst schon ist es möglich, Nahrungsmittel zu einer nach Belieben formbaren Masse aufzubereiten, was besonders für die Hersteller von Fertiggerichten ein lukratives Geschäft ist. Auch minderwertige Fleischreste können so mittels Druck zu optisch ansprechender Ware restrukturiert werden. Bei Kochschinken, Gulasch und Trockenfleisch schon gängige Praxis, erobert jetzt auch Formfisch (Surimi) den Herstellermarkt.

Auch hier gelingt es mittlerweile hervorragend, mittels Aromastoffen ein authentisches Geschmackserlebnis zu fabrizieren, indem erfolgreich versucht wird, Fischreste in Krebs- oder Krabbenfleisch „umzuwandeln".

Nach so vielen erschreckenden Beispielen zum Thema des belasteten Fleisches möchte ich zumindest den Versuch eines positiven Ausklanges wagen: Einige Völker, die sich seit Jahrhunderten an die Ernährungs-gewohnten ihrer Vorväter halten, sind bislang von den für die westliche Zivilisation typischen Krankheiten verschont geblieben.

Zu den Völkern mit der höchsten Lebenserwartung zählen die bereits erwähnten Hunza, aus der Himalaya-Region. Einhundertdreißig Lebensjahre bei körperlicher und geistiger Gesundheit stellen hier keine Seltenheit dar. Abgesehen von einem Leben in frischer Luft, den jahreszeitlichen Rhythmen angepasst, ist es vor allen Dingen die Ernährung der Hunza, die sich weitgehend von unserer unterscheidet und für ihre Langlebigkeit verantwortlich gemacht wird.

Auch hier, wie bei allen Naturvölkern, überwiegt der pflanzliche Anteil der Nahrung. Gemüse, ganz besonders viel Obst und hier speziell die basische Aprikose, die mit Kern verspeist wird, Nüsse, Sämereien, Joghurt als einziges Milchprodukt sowie ein spezielles Vollkornbrot bilden die Nahrung der Hunza. Auf Fleisch wird im Großen und Ganzen verzichtet und wenn es Eingang in die Nahrung findet, handelt es sich um weißes Fleisch – das rote wird generell gemieden.

Auch wenn der absolute Fleischverzicht Ihnen (noch) nicht möglich erscheint, so wäre der bewusstere Umgang mit der Art des Fleisches und seiner Zubereitung ein erster Schritt hin zu einem gesünderen Leben.

Zusammenfassung

Der Bedarf an tierischem Eiweiß, wie auch an Fett wird überschätzt, d.h. Auch Ernährungsexperten geben häufig Empfehlungen ab, die auf den Einschätzungen früherer Jahrzehnte fußen und damals durchaus zutreffend waren, es aber mittlerweile schon längst nicht mehr sind.

Fakt ist: Die Zunahme einer überwiegend sitzenden Arbeitsweise, bei gleichzeitig fehlender körperlicher Betätigung in der Freizeit, führt zu veränderten Anforderungen an die Nahrung.

Ernährungsbedingte Zivilisationskrankheiten sind in den letzten dreißig Jahren proportional zum Fleischverzehr angestiegen.

Die Zunahme chronisch-degenerativer oder schlicht: Zivilisationskrankheiten, beweist es: Fleisch besitzt nicht mehr die herausragende Bedeutung als schneller Eiweißlieferant. Die Veränderung unseres gesamten Lebensumfeldes erfordert ein Umdenken bezüglich des Nährstoffbedarfes. Der Proteinbedarf ist generell geringer als früher und pflanzliches Eiweiß dem tierischen vorzuziehen.

Rohwurst braucht zur Reifung Bakterien (Milchsäurebazillen), welche ihrerseits Kohlenhydrate (Trauben- oder Milchzucker oder Stärkesirup) benötigen. Der Einsatz von Zucker erfolgt meist in übertrieben großen Mengen, da sich dadurch Fleisch einsparen lässt.

Obwohl der Einsatz von Nitrat in der Fleischverarbeitung grundsätzlich verzichtbar wäre, erweist sich eine hohe Dosierung als unerlässlich, wenn Fleisch eingespart werden und durch Wasser und Fett ersetzt werden soll.

Nitrate und Nitrite tragen dazu bei, die Vitaminversorgung empfindlich zu stören. Besonders bei Kindern befürchtet man einen negative Beeinflussung des enzymatischen Systems, was seinerseits zu Störungen im Hormonhaushalt führen kann.

Im Tierexperiment wurde durch die Verfütterung von Pökelfleisch die Bio-Verfügbarkeit von Eisen herabgesetzt und dadurch die Blutbildung beeinträchtigt. Zumindest als „Mitverursacher" von Herz- und Kreislauferkrankungen müssen Nitrate und Nitrite in Betracht gezogen werden.

Irreversible Unregelmäßigkeiten der Gehirnströme und Verhaltensanomalien (gesteigerte Aggressionsbereitschaft) wurden bei den Versuchstieren ebenfalls nachgewiesen. Klinische Studien zeigten einen Zusammenhang zwischen einem erhöhten Nitritgehalt im Blut schwangerer Frauen und einem Anstieg des Fehlgeburtsrisikos (Eva Kapfelsberger/Udo Pollmer).

Auch für Vegetarier stellt die Produktion von Tieren eine Gefahr für die Gesundheit dar.

Mit der Tiergülle wandert ein Großteil (ca. 90%) der therapeutisch verabreichten Antibiotika auf die Felder, wo er von Gemüse und Getreide aufgenommen wird. (Nachweis durch Wissenschaftler der Universität Paderborn, Naturarzt Nr. 3, 2006.) Anhang zum Thema BSE Auch wenn 1996 erstmals ein Zusammenhang zwischen dem Genuss infizierten Fleisches und dem Tod von zehn jungen Briten für möglich erachtet wurde, ist die Liste der Todesfälle,die auf infizierte Tierprodukte zurückgeht, ungleich länger.

Viele Todesfälle, die in gutem Glauben, auf eine Erkrankung vom Alzheimer- Typus zurückgeführt werden, können ebenso eine spongiforme Gehirnveränderung zur Ursache haben.

Auffällig sind dabei gewisse Parallelen zwischen beiden Krankheitsbildern, wie die Schlaflosigkeit, die der Diagnosestellung von Alzheimer-Demenz um Jahre vorausgehen kann und extreme Vergesslichkeit die zum völligen intellektuellen Abbau führt. Tremor (Zittern der Hände und Füße oder des Kopfes) sowie eine gestörte Zielmotorik sind dagegen eher im Zusammenhang mit Parkinsonismus bekannt.

Die wesentlich schnellere Verlaufsform der Creutzfeldt – Jakob – Krankheit (CJD) geht möglicherweise auf eine Häufung von pathogenen Faktoren zurück (u.a. massives Auftreten von Mobilfunkmasten, Basisstationen etc.). Eventuell hat der Erreger auch an Aggressivität gewonnen.

CJD-Erreger sind außergewöhnlich resistent gegenüber den üblichen Sterilisierungsverfahren, was dazu führte, dass Patienten mit gehirnchirurgischen Eingriffen in der Folge eines Unfalls später an CJD erkrankten.

Bekannt sind ebenfalls Erkrankungen, die auf intramuskuläre Injektionen mit infizierten Hormonen zurückzuführen sind. Hier betrug die Inkubationszeit jedoch bis zu 14 Jahren.

Betroffen waren Kinder in Frankreich und den USA, die mit aus menschlichen Leichen gewonnenen Wachstumshormonen behandelt wurden.

Besondere Relevanz erhalten die Produkte der pharmazeutischen und kosmetischen Industrie. So starben 14 Inder, nachdem sie einen Impfstoff gegen Tollwut erhalten hatten, der auf Schafserumbasis hergestellt wurde.

Zu den Berufsgruppen, die ein besonders hohes Risiko, an CJK zu erkranken, aufweisen, gehören Neuropathologen und -chirurgen, sowie Histologen und selbstverständlich Landwirte. 1993 wurde in der britischen Publikation „Lancet" der Fall eines 54jährigen Farmers mit CJK beschrieben, in dessen Rinderherde drei BSE-Fälle nachgewiesen worden waren. Dieser hatte häufiger Rindfleisch genossen, die Sammelmilch seiner Milchviehherde getrunken und gelegentlich bei kleineren veterinärmedizinischen Eingriffen assistiert.

Viele, als gefährlich einzustufende Präparate finden sich im Bereich der Pharmazie (Sera, Immunglobuline, Präparate aus Milz, Hirn, Thymusdrüse und Feten).

Während seit 2001 die Verwendung von sogenanntem Hochrisikomaterial im Lebensmittelbereich verboten ist, ist es für Pharmazieprodukte nach wie vor zugelassen.

In der kosmetischen Industrie dient Rindertalg als Salbengrundlage. Kollagen und Elastin werden ebenfalls aus tierischen Schlachtabfällen extrahiert.

Das Wollfett des Schafes kommt dann zum Einsatz, wenn rückfettende Eigenschaften erwünscht sind (Seifen, Duschbäder, Badezusätze). Beim Einsatz in unmittelbarer Augennähe oder bei verletzter Haut ist deshalb Vorsicht anzuraten, zumal gerade die Schleimhäute von Augen und Nase als hoch empfindlich gelten. (eine Ausbreitung entlang des Riechnervs bis zum Gehirn wäre die mögliche Folge). Die Verwendung von Lippenstiften, die Wollfett enthalten, ist nicht zu empfehlen. Man kann ruhigen Gewissens behaupten, dass zum Schutze der Agrarwirtschaft ein Feldversuch mit der ahnungslosen europäischen Einwohnerschaft in Angriff genommen wurde, dessen Ende noch nicht absehbar ist.

Literaturhinweise:

Dr. med. M.O.Bruker, Unsere Nahrung - unser Schicksal (emu Verlag, Lahnstein, 1986)

Ingrid Reinecke/Petra Thorbrietz, Lügen, Lobbys, Lebensmittel – wer bestimmt, was Sie essen müssen (Verlag Antje Kunstmann, 1997)

Eva Kapfelsberger/Udo Pollmer, Iß und stirb – Chemie in unserer Nahrung (Kiepenheuer & Witsch, Köln, 1982)

Prof. Dr. Dr. H.- J. Winckelmann, Schweinefleisch als Krankmacher? Ratgeber Homotoxikologie (Aurelia-Verlag, Baden-Baden, 1995)

Dr. Kari Köster-Lösche, BSE – die heimtückische Gefahr. Wie schütze ich mich? (Ratgeber Ehrenwirth, Lübbe, 2001)

Christian H. Godefroy, Das Geheimnis der Hunza oder wie die Hunza das sagenhafte Alter von 145 Jahren erreichen (Editions Godefroy, 1991)

Für all diejenigen, die sich jetzt doch intensiver mit dem Vegetarismus beschäftigen möchten, empfehle ich:

Johanna Handschmann, Trennkost vegetarisch, GU Küchen-Ratgeber (Gräfe & Unzer Verlag GmbH, München, 1996)

Helma Danner, Jetzt werde ich Vegetarier! Der einfache Weg zu einem gesünderen Leben ohne Fleisch (ECON Verlag, GmbH, Düsseldorf und München, 1997)

Kontaktadressen:

Dr. F.X. Mayr – Kuren

Im Allgäu www.mayr-kur.de

In Badenweiler www.Klinik-Zimmermann.de

Im Schwarzwald www.kurzentrum-burghalde.com

Soja-Kochkurse werden unter dem Motto „Herrliche Gerichte mit Fleisch, das auf dem Felde wächst", im Rahmen eines Wochenendseminars unter der Info-Nr.: 06045/ 962730 angeboten

Ernährungslüge Nummer 7: Milch macht müde Männer munter

Der Mensch ist das einzige Lebewesen, das in erwachsenem Alter artfremde Milch trinkt. Ob das gut für ihn ist?

> „Die Milchbranche ist bereits so weit ‚fortgeschritten', dass es für jedes Milcherzeugnis eine Nachahmung gibt. Eine Beigabe von Zusatzstoffen (Emulgatoren, Farbstoffe, Säureregulatoren, Stabilisatoren, Konservierungsstoffe, künstliche und naturidentische Aromastoffe) ist dabei nicht zu umgehen."
>
> Dr. med. M. O. Bruker

Eher nicht! Und was müden Männern nicht gut tut, ist in diesem Fall auch für Frauen und Kinder ungeeignet. Milch ist ein Nahrungsmittel, das die Natur uns kostenlos für Säuglinge zur Verfügung stellt. Wer keine Zähne hat, ist auf Milch angewiesen. Das heißt aber auch: auf Muttermilch. Kuhmilch dient der Ernährung des Kälbchens und ist grundsätzlich auf dessen Bedürfnisse und nicht die des Kleinkindes abgestimmt. Klingt eigentlich logisch, oder?

So ist sie beispielsweise wesentlich fetter und eiweißreicher und legt dadurch häufig schon frühzeitig den Grundstein für spätere Nahrungsmittel-Unverträglichkeiten oder sonstige allergische Reaktionen.

Muttermilch ist reich an Vitalstoffen, die den Säugling befähigen, sein Gewicht in weniger als einem Jahr zu verdoppeln, während ihr Eiweißgehalt bei ca. 1,5 % liegt, ist der der Kuhmilch mehr als doppelt so hoch und liegt etwa bei 3,5 %.

Während meiner Ausbildung in traditioneller chinesischer Medizin, die übrigens wesentlich stärker als die westliche Medizin Nahrungsmittel in Therapiekonzepte einbindet, wurde von uns sehr häufig die Frage gestellt: Wie decken Chinesen ihren Bedarf an Kalzium, wenn sie keine Milchprodukte zu sich nehmen?

Einige Orthopäden, die mit dem Mythos der knochenaufbauenden Milch immer wieder konfrontiert worden waren, konnten nicht begreifen, warum bei einer Bevölkerungsgruppe, die vorwiegend aus Milchallergikern besteht, nicht wesentlich mehr Knochenbrüche und Skelettdeformitäten auftreten als in den Industrienationen. Das Gegenteil ist aber der Fall! Andererseits nimmt die Osteoporose überall dort geradezu die Ausmaße einer Volksseuche an, wo der Pro-Kopf-Verbrauch an Milch besonders hoch liegt (das sind neben den USA, die skandinavischen Länder und andere westliche Industrienationen).

Wir wurden darauf verwiesen, ein Experiment in der Praxis durchzuführen und Patienten, die häufiger mit Bandscheibenbeschwerden den Arzt aufsuchten, nach ihren Ernährungsgewohnheiten zu fragen. Die Prophezeiung lautete: Es wird sich dabei immer um exzessive Milchtrinker handeln. Unsere „Feldstudien" haben diese Theorie sehr eindrucksvoll bestätigt gefunden.

Auch viele in der Geriatrie tätigen Ärzte in unseren Breitengraden lehnen Milch ab, da diese stark verschleimt; ein Problem mit dem alte Menschen ohnehin schon häufig zu kämpfen haben. Nach chinesischem Verständnis entsteht der auch bei uns im Vormarsch begriffene Apoplex (Schlaganfall) durch Schleim im Gehirn, dem sich die exogene Noxe Wind als auslösender Faktor, dazugesellt.

Auch Kopfschuppen werden in der chinesischen Medizin als Manifestation von Schleim betrachtet. Wenn Sie schon einmal einen an Neurodermitis erkrankten Menschen gesehen haben, können Sie das sicher verstehen. Hier bedecken die Schuppen den ganzen Kopf oder sogar den gesamten Körper. Das an „Milchschorf" leidende Kind wird wahrscheinlich trotzdem weiterhin von wohlmeinenden Erwachsenen gezwungen werden, sein Glas mit Milch auszutrinken.

Die Stabilität der Knochen hat ja schließlich Vorrang vor Hautproblemen.

Interessant ist in diesem Zusammenhang auch, dass Kinder, die auf eine Milchunverträglichkeit hin behandelt wurden, nach einer gewissen Zeit der völligen Abstinenz Milchprodukte, die aus Schafs- oder Ziegenkäse gefertigt wurden, ohne Probleme vertragen. Auch das ist ein Hinweis darauf, dass ganz besonders Kuhmilch für die menschliche Spezies nicht bekömmlich ist.

Es hat mich immer wieder erschreckt, wenn mich, im Anschluss an einen Vortrag zum Thema Milchunverträglichkeit Zuhörer ansprachen und mir mitteilten, dass sie Jahrzehnte ihres Lebens Milch tranken, selbst wenn sie nach jedem Glas mit Durchfall oder Erbrechen reagierten. Trauen wir wirklich unserem eigenen Körper so wenig, dass wir selbst deutliche Signale ignorieren, um uns an gängige Regeln zu klammern?

Wobei gerade im Bereich der Ernährung ja Mythenbildung an der Tagesordnung ist.

Versuchen Sie nur einmal sich zu erinnern, wie viele absolut unumstößliche Ernährungsgrundregeln in, sagen wir mal: Den letzten zehn Jahren, über Bord geworfen wurden.

Das sich einige trotzdem länger halten als andere, hat natürlich auch etwas mit massiven finanziellen Interessen der jeweiligen Hersteller und Vertreiber zu tun.

Sollten Sie aber dennoch vermuten, dass es Ihnen an Kalzium mangelt, lohnt sich eine spezielle Untersuchung. Obwohl es sich dabei um eine individuelle Gesundheitsleistung (I.G.e.L.) handelt – was schlicht bedeutet: Die Kosten trägt der Patient, lohnt es sich, vor der gezielten Zuführung von Mineralien auszutesten, woran Bedarf besteht und woran nicht. Da nicht Medikamente, sondern auch Mineralstoffe Wechselwirkungen aufweisen, kann man unter Umständen mehr schaden als nutzen. (Mehr dazu im Kapitel über Nahrungsergänzungsmittel.) Kalzium wird natürlich auch von anderen Lebensmitteln als Milch und Milchprodukten, in einer, zudem wesentlich bekömmlicheren Form, angeboten. Für eine kalziumreiche Ernährung kommen u.a. in Frage: Sardinen und fast alle Fischarten und selbst eingefleischte Vegetarier sichern ihren Bedarf problemlos über Broccoli, Bohnen und Grünkohl, Hafervollkorn, Nüsse, Hagebutten und Bierhefe. Wenn Sie sich mit Sesam als nussig schmeckendem Gewürz anfreunden können, bekommen Sie auch noch eine zusätzliche Portion Kalzium.

Bezieht man sich auf den Kalziumgehalt in mg/100g so erweist sich Milch als längst nicht so kalziumreich, wie gemeinhin angenommen. Von Käse einmal abgesehen, weisen die meisten pflanzlichen Nahrungsmittel sogar einen deutlich höheren Kalziumanteil auf als Kalziumlieferanten tierischer Herkunft – das gilt auch für Vollmilch.

Wesentlich höher liegt ist er z.B. bei Brunnenkresse, Bierhefe, Grünkohl, Petersilie, Tofu, Amaranth, Sojabohnen, oder –mehl, getrockneten Feigen, Löwenzahnblättern, Brennnesselsaft und wie schon erwähnt, bei Sesamsamen. Bei Nüssen differieren die Werte, je nach Art, beträchtlich.

Sollte es Ihnen jedoch mehr um den Geschmack gehen und Sie sich vielleicht einfach daran gewöhnt haben, Ihren Morgenkaffee mit Milch anzureichern, kann ich Ihnen empfehlen, auf Sojaprodukte auszuweichen. Ehemals vorwiegend in Asia-Märkten anzutreffen, findet sich Soja im Tetrapack mittlerweile auch in den Regalen der Lebensmittelabteilung eines jeden Kaufhauses. Für den Fall, dass Sie ein echter „Sojafreund" werden, können Sie auch die Anschaffung eines Gerätes zur Herstellung von Sojamilch erwägen. Auf Dauer genießen Sie so nicht nur die „Milch", sondern echte Preisvorteile. Übrigens sollten die im Zusammenhang mit Soja häufig benutzen Begriffe „Milch" und „Quark" Sie nicht irritieren, da sie sich lediglich auf die Konsistenz beziehen.

Soja entstammt den gleichnamigen Bohnen und ist ein wahres Wunder an Inhaltsstoffen mit guter Bioverfügbarkeit.

Ein zusätzliches Problem für diejenigen, die nicht auf Kuhmilch verzichten möchten, ist die künstliche Anreicherung von Milchprodukten mit Vitaminen und Mineralien. So stellten die Verbraucherzentralen bei einer bundesweiten Analyse angereicherter Milchprodukte, bei gut der Hälfte davon Zusätze von Vitamin E fest.

Da hieran kaum ein Mangel besteht, bliebe als einzige Erklärung die, der positiven Effekte bei Rheumatikern, die mit Vitamin E therapiert wurden. Ob Milch bei diesem Krankheitsbild überhaupt angezeigt ist, versuchen wir weiter unten zu klären.

Ähnlich verhielt es sich mit der künstlichen Kalziumanreicherung und das, obwohl Milchprodukte generell als kalziumreich gelten.

Noch problematischer jedoch sind neben den Antibiotikarückständen[55], die permanent nachgewiesen werden, die eigentlichen Ursachen für deren Einsatz: Die wenig artgerechte Massentierhaltung in überfüllten Ställen und eine Züchtung auf gesteigerte Leistung hin, während die Kühe ihre natürlichen Leistungsgrenzen bereits längst überschritten haben.

Euterentzündungen nehmen stetig zu und auch wenn stichprobenartig die Milch untersucht wird, so gibt es doch Eiter- und Blutpartikel, die neben Kaseinflocken die Milchprodukte verunreinigen, aber bis zu einer gewissen Grenze zulässig sind. Da diese Rückstände sich durch eine hohe Stabilität auszeichnen, überstehen sie auch zahlreiche Verarbeitungsschritte weitestgehend unbeschadet, so dass selbst Milchpulver für Säuglingsnahrung noch Verunreinigungen aufweist. Die jährlich anfallenden Milchüberschüsse werden unter hohem Energieaufwand pulverisiert und als Trockenmilch-Notstandsreserve bis 3 mal jährlich mit chemischen Entwesungsmitteln entgast, um eine möglichst lange Haltbarkeit zu garantieren. Dramatisch sind ebenfalls die steigenden Jodmengen, die in der Milch nachgewiesen werden. Wie diese in die Milch gelangen ist leicht zu erklären.

Zum einen über die Jodierung von Mineralstoffgemischen für Milchkühe, zum anderen aber auch über verseuchte Melkausrüstungen und Medikamente, die die Kühe erhalten. Wie bekannt, sind Desinfektionsmittel häufig jodhaltig. Die amerikanische Autorin Jean Carper berichtet über Analysen von Milchproben, die im Auftrage von Consumer's Union im US-Staat Wisconsin durchgeführt wurde. Im Schnitt fand sich eine Menge von 466 Mikrogramm Jod pro Liter, in ganzen elf Prozent der Proben stieg diese Menge auf 1000 Mikrogramm an. Die derzeit empfohlene diätetische Menge liegt bei 150 Mikrogramm am Tag (J. Carper, Wundermedizin Nahrung – Die McJod-Gefahr). Zahlreiche Mediziner warnen schon seit langem vor der Kuhmilch - auch wenn ihre Kritik meist ungehört verhallt, was nur ein weiteres Indiz für Lobbyismus ist.

So sah sich einer der bekanntesten Ernährungsforscher und Milchkritiker, der ehemalige Leiter des Lahnstein-Klinikums - Dr. Max Otto Bruker – genötigt, seinen eigenen Verlag (emu) zu gründen, um seine diesbezüglichen Erfahrungen veröffentlichen zu können, ohne sich ständigen Anfeindungen ausgesetzt zu sehen. Die Anfeindungen blieben nicht aus, aber wenigstens erfolgten sie erst nach der jeweiligen Veröffentlichung. Auch Dr. Bruker sieht das für den Menschen artfremde Milcheiweiß als besonders schädigend an und empfiehlt eine Vollwertkost, die reich an Obst, Gemüse und Vollkornprodukten ist. Da er zudem Frischkost (also Nahrung in möglichst unbehandelter Form) bevorzugt, gehörte er auch nie zu denen, die Margarine als der Gesundheit besonders zuträglich, erachteten. Für ihn bleibt sie ein

---

[55] Falls Ihnen Antibiotikabeimengungen generell suspekt sein sollten und Sie auf Käse ausweichen möchten, in der, das sei vorweggenommen – irrigen Annahme - hier könnten solche Stoffe nicht nachgewiesen werden: Das Antibiotikum Natamycin wird zumindest in Deutschland zur Verhütung von Schimmelbefall auf Käserinden eingesetzt. Wenn Sie jetzt auf die vorgeschriebene gesetzliche Kennzeichnungspflicht pochen: Ob Sie sich jedes Mal, wenn Sie dem Aufdruck „Konservierungsmittel 235" begegnen, daran erinnern, dass es sich dabei um das in Dänemark als krebserregend eingestufte Natamycin handelt, wage ich denn doch fast zu bezweifeln.

künstlich hergestelltes Produkt. Wenn Sie sich jemals die einzelnen Verarbeitungsschritte zu Gemüte führen, werden Sie sicher seine Abneigung teilen. Da Butter nicht nur ein natürliches Produkt, sondern auch ein eiweißarmes (wie auch Sahne) ist, rät Dr. Bruker, eher Butter als Margarine zu verwenden. Sollte Ihnen auch der relativ geringe Gehalt an tierischem Eiweiß in der Butter noch zuviel sein, empfiehlt sich die Herstellung von Ghee (Butterschmalz). Dabei wird Butter in der Pfanne erhitzt, bis sich ein flockiger Schaum auf der Oberfläche bildet. Dieser wird abgeschöpft und entsorgt. Bei der Restmenge handelt es sich um Ghee. Das goldgelbe Butterschmalz bleibt lange haltbar und ist auch bei Kühlschranklagerung streichfähig.

Die Allergologin Dr. Sigrid Flade, die sich vornehmlich auf Nahrungsmittel-Allergien spezialisiert hat, geht von Kuhmilch als Basis-Auslöser bei 99% ihrer Allergie-Patienten aus. Dabei handelt es sich häufig um Maskierungen. Bei Magen- und Darmerkrankungen liegt der Verdacht auf eine allergische Reaktion vielleicht noch relativ nahe, bei Migräne, Infektanfälligkeiten oder gar Depressionen werden sicher sehr wenige Ärzte die Verdachtsdiagnose: Allergie, auch nur in Betracht ziehen.

Dr. Flade empfiehlt im Zweifelsfall den Selbstversuch mit einjährigem Verzicht auf alle Milchprodukte. Glaubt man danach, nicht vollständig auf diese verzichten zu können, so erweisen sich Joghurt, Kefir und Quark als wesentlich leichter verdaulich. Auch Molke und Buttermilch verfügen über bereits „vorverdautes" Eiweiß und provozieren somit den Körper nicht zu, teilweise heftigen, Abwehrreaktionen. Als durchweg positiv kann man auch die Aufwertung bezeichnen, die milchsauer vergorene Gemüse erfahren: im Vergleich zum Ausgangsprodukt, dem Kohl, enthält milchsauer vergorenes Sauerkraut mehr als die doppelte Menge an Vitamin C. Die spontan einsetzende Milchsäuregärung dient vielen Lebensmitteln als Schutz vor zu rascher Zersetzung und wurde schon im Altertum zur Haltbarmachung der Nahrungsmittel genutzt. Bakterienstämme wie Lactobacillus bifidus wandeln dabei Milchzucker in spezifische Säure um und bewahren so einerseits die Nahrung vor Fäulnis (der Besiedlung durch andere Bakterienstämme) und bilden andererseits die Grundlage für die Herstellung von Butter, Quark oder Käseprodukten.

Leider hat auch hier die Gentechnologie mittlerweile Einzug gehalten und Starterkulturen von größter Effizienz geschaffen, was zwar zu Aromaverlusten führt, die jedoch mit synthetischen Zusätzen kaschiert werden können. Grundsätzlich tut uns die natürliche Milchsäure viel Gutes.

Durch die Besiedlung mit Milchsäurebakterien wird der frühkindliche Darm vor invasiven Bakterienstämmen und krankmachenden Keimen geschützt und auch beim erwachsenen Menschen dient sie dem Schutz der Haut und der Schleimhäute. Milchzucker (Laktose) erfüllt also vielfältige Funktionen und ist unter anderem mit der Infektabwehr im Darm betraut, da er für eine gesunde Darmflora sorgt. Warum immer mehr Menschen mit Unverträglichkeitsreaktionen oder gar Allergien reagieren, ist nicht vollständig geklärt, mag aber auch mit einer generellen Überlastung des Stoffwechsels begründbar sein. Der aus Traubenzucker (Glukose) und Schleimzucker (Galaktose) bestehende Milchzucker wird als einziges der

Kohlenhydrate n i c h t bereits im Mund vorverdaut, sondern erst im Dünndarm aufgespalten und resorbiert. Dabei treten Enzyme in Aktion, die vom Darm selbst produziert werden müssen. Ein chronisch überlasteter Darm ist diesen Aufgaben kaum gewachsen. In diesem Zusammenhang auch nicht ganz uninteressant ist vielleicht, dass nomadisierende Völker, wie beispielsweise die Massai, mit der Milch auch immer das Blut der Kühe zu sich nahmen, um so allergische Reaktionen zu vermeiden. Sollten Sie schon einmal, vielleicht im Rahmen eines Kuraufenthaltes, Stutenmilch getrunken haben, ist Ihnen möglicherweise noch der leicht süßliche Geschmack und eine Vielzahl, diesem Getränk zugeschriebener positiver Eigenschaften in Erinnerung. Stutenmilch, in der milchsauervergorenen Variante als Kumyß bekannt und das Nationalgetränk der Mongolen und anderer vorderasiatischer Völker, ist der Muttermilch wesentlich ähnlicher als Kuhmilch und somit für den Menschen auch viel bekömmlicher. Belegt ist ihr erfolgreicher Einsatz bei innerlichen und äußerlichen Entzündungen, was auf antibakterielle Stoffe wie Lactoferrin und Lysozym zurückzuführen ist. Auch des reichlich vorhandene Immunglobulin A wirkt keimtötend im Magen-Darm-Trakt. Im völligen Gegensatz zur Kuhmilch, die ja für die Entstehung von Hauterkrankungen, wie Neurodermitis, Schuppenflechte und allergischer Hautreaktionen zumindest mit verantwortlich gemacht wird, liegt eines der therapeutischen Einsatzgebiete der Stutenmilch gerade hier. Der Hautstoffwechsel wird durch die kurzkettigen Eiweißbausteine angeregt, wodurch Stutenmilch auch für die kosmetische Industrie interessant wird. Die innere Anwendung ist allerdings bei einer nachgewiesenen Laktoseintoleranz nicht zu empfehlen. (Bezugsmöglichkeiten für Stutenmilch und daraus hergestellte Produkte finden Sie im Anhang.)

Natürlich stellt sich für viele auch die Frage, nach einer kuhmilchfreien Ernährung von Säuglingen, da sich Intoleranzen immer häufiger bemerkbar machen und zudem eine andere Form der Ernährung, schon im Hinblick auf später entstehende Krankheiten, günstiger wäre. Für Babys, die nicht mit Muttermilch genährt werden können, wird eine adaptierte Variante in Apotheken angeboten. Dr. Bruker rät hier zu einer vollwertigen Ersatzlösung, die aus gemahlenem Getreide, das ca. 8 Stunden in Wasser angesetzt wurde, besteht. Nach dem Abseihen kann die Flüssigkeit verabreicht werden. Auch Frank A. Oski von der John Hopkins University School of Medicine verwies bereits in den neunziger Jahren auf die Unverträglichkeit der Kuhmilch. Als besonders dramatisch empfand er, dass der Grundstein für viele Krankheiten, wie z.B.: Allergien, Hautprobleme wie Akne, Neurodermitis oder Psoriasis, Stoffwechselstörungen wie Diabetes oder auch Rheuma, oder Veränderungen des Blutbildes, wie Anämie und Leukämie, bereits in früher Kindheit - durch Milchverzehr - gelegt würde. Der Zusammenhang zwischen den teilweise dramatischen Krankheitsbildern und der frühkindlichen Kuhmilchernährung wird kaum erkannt. Eine Behandlung kann somit nur in der Bekämpfung der Symptome bestehen und nicht die Ursache berücksichtigen. Indem das artfremde Eiweiß die sensiblen Verdauungsorgane überfordert und in der Folge eine Schädigung der Schleimhäute hervorruft, werden diese durchlässiger für Erreger, die speziell Nerven und Gehirn reizen. In der Folge reagiert der Körper immer empfindlicher auf immer mehr Reizstoffe. Auch die Verwendung von Rohmilch löst das Problem nicht völlig, da diese zwar eine höhere biologische Wertigkeit als die homogenisierte und pasteurisierte besitzt, trotzdem aber ein für den Menschen fremdes Eiweiß darstellt. (Lesen Sie dazu bitte auch das Kapitel über Eiweißspeicher-Krankheiten.) Pasteurisierte Milch wird für eine unterschiedliche Zeitspanne (10 Sekunden bis 30 Minuten und unterschiedlich hohen Temperaturen – 85 Grad Celsius bei kurzer Einwirkzeit und etwa 65 Grad C bei der längeren Zeitspanne) erhitzt, was als schonendes Verfahren mit einem Vitaminverlust von lediglich 10%, gilt. Die Wirksamkeit der Vitamine wird jedoch gemindert, die Proteine der Milch denaturiert. Da Erkrankungen wie Tbc und Brucellose bei uns lange nicht aufgetreten sind, gab es gerade in der Blütezeit der Food Coops zahlreiche „wilde" Verkäufe von unbehandelter Milch durch Händler, die sich ständig auf der Flucht vor den staatlichen Nahrungsmittelkontrolleuren befanden. Begründet werden kann die Pasteurisierung wirklich nur durch die angestrebte längere Haltbarkeit, da Milch auf dem Weg vom Hersteller zum Verbraucher in der heutigen Zeit schon mehrere Tage benötigt. Homogenisiert wird Milch um ihr „Aufrahmen" zu vermeiden. Man erzielt eine gleichmäßige Fettverteilung, indem man Milch unter extrem hohem Druck durch Düsen presst, wobei sich die Fettkügelchen verkleinern und gleichmäßig ausbreiten. Biologisch gesehen ist diese Milch wertlos, da selbst Bakterienkulturen mit ihr nichts anzufangen wissen, weshalb sie auch zur Zubereitung von Joghurt völlig ungeeignet ist. Ein Zusammenhang zwischen der steigenden Zahl an Herzkrankheiten und der Verwendung denaturierter, pasteurisierter und homogenisierter Milch wird seit längerem vermutet. Sollten Sie dennoch glauben, Milch aufnehmen zu müssen, da Sie beispielsweise an Osteoporose leiden und Ihr Arzt immer wieder auf die regelmäßige Milchaufnahme als unverzichtbaren Bestandteil einer knochenfreundlichen Ernährung hinweist, lassen Sie sich gesagt sein, dass es gute Beweise für das Gegenteil gibt.

1. Krankheiten entstehen auf der Grundlage einer mitunter jahrzehntelang andauernden Fehlernährung (von anderen Stressfaktoren einmal abgesehen), die den Organismus zunächst schwächt und bei Ausbruch der Krankheit bereits ernsthaft geschädigt hat.

   Eine Ausnahme von dieser Regel bilden vielleicht Infektionskrankheiten, wobei selbst da an den, Louis Pasteur zugeschriebenen Satz: „Das Bakterium ist nichts. Das Milieu ist alles", erinnert sei.

   Kurz: Keine Wirkung ohne vorausgehende Ursache.

2. Über die Ursachen der Fehlernährung sind sich jedoch ausnahmslos alle Ernährungswissenschaftler einig: isolierte Kohlenhydrate, an denen unsere Ernährung nicht gerade arm ist. Ganz besonders schädlich sind die, dazu zählenden Industriezucker und Auszugsmehle. Gehören sie über lange Jahre zum täglichen Speiseangebot, wird der Organismus derartig geschwächt, dass der Stoffwechsel zugeführte Fette nicht mehr richtig verarbeiten kann. (Übrigens finden wir hier auch die Ursache für einen entgleisten Cholesterinstoffwechsel und keineswegs in einem zu hohen Verzehr von Butter, wie im Kapitel über Fette noch näher ausgeführt wird.)

3. Eine mögliche Erklärung für die von Mensch zu Mensch unterschiedliche Akzeptanz von Eiweißen bietet der New Yorker Naturheilmediziner, Dr. Peter J. D'Adamo mit seinen langjährigen Forschungen über die Beziehungen zwischen Ernährungsweise, Blutgruppen und der Entstehung von Krankheiten. Da dieser interessante Ansatz die Anfälligkeit mancher Menschen für bestimmte Krankheiten erklärt, möchte ich ihn Ihnen nicht vorenthalten. In stark vereinfachter Form beinhaltet er folgende Aussagen:

- Blut enthält u.a. Plasma (mit wichtigen Aufgaben innerhalb des Immunsystems), Blutplättchen, die für die Gerinnung zuständig sind, und Eiweißverbindungen, die den Körpergeweben Nährstoffe zuführen.

- Die Blutgruppe (A.,B,AB,O) hat dabei eine Schlüsselfunktion zum Immunsystem inne. Sie reguliert, welchen Einfluss Krankheitserreger, aber auch seelische Belastungen und die Lebensbedingungen auf unser Immunsystem haben.

- Das Immunsystem seinerseits definiert vorrangig „Selbst" und „Nicht-Selbst". Hier wird die Frage geklärt: Was gehört zu mir und was nicht? Lebenswichtige Stoffe, die von außen zugeführt werden müssen, benötigen praktisch eine „Eintrittskarte". D'Adamo bezeichnet dieses Geschehen scherzhaft als „Party mit geladenen Gästen". Gutes Sicherheitspersonal muss auch in der Lage sein, gefälschte Eintrittskarten zu erkennen. Chemische Markierungen, die „Antigene" helfen dem Sicherheitsdienst dabei. Eines der stärksten Antigene ist dasjenige, das unsere Blutgruppe festlegt. Jede Blutgruppe hat ein anderes, mit spezifischer Struktur. Das jeweilige Blutgruppenantigen ist in den roten Blutkörperchen nachweisbar und gibt der Blutgruppe den Namen. (Beispiel: Bei Blutgruppe AB sind die Antigene AB nachweisbar, bei Blutgruppe 0 – keines). Die Untergruppen, zu denen positiv/negativ gehören, spielen dabei eine untergeordnete Rolle, da mehr als 90% der Faktoren, die die Blutgruppe begründen, mit der primären Blutgruppe verbunden sind. „Erkennt" das körpereigene Antigen das Eindringen eines körperfremden Antigens, so bildet es Antikörper. Auf der Seite der Eindringlinge kann das zu Versuchen, die Antigene zu ändern oder zu mutieren führen, woraufhin die „Hausherren" noch mehr Antikörper bilden, die beim Zusammentreffen mit dem „Feind", sich an ihn heften und so eine Zusammenballung (Agglutinierung), hervorrufen. Diese Verklumpungen lassen sich „prinzipiell" leichter aus dem Körper entfernen. So weit - so gut! Allerdings hat die Sache auch einen Haken. So fand der Österreicher Karl Landsteiner bereits vor rund einhundert Jahren heraus, dass Blutgruppen a u c h Antikörper gegen a n d e r e Blutgruppen produzieren., womit er Bluttransfusionen erstmals beherrschbar machte, da sie bis dato ein reines Glücksspiel waren.

Zum besseren Verständnis: Blut der Blutgruppe A enthält Antikörper gegen B und stößt dieses ab. Blutgruppe AB enthält gar keine Antikörper – ein Patient mit dieser

Blutgruppe ist der ideale Empfänger, da er alle anderen Blutgruppen verträgt, allerdings wird sein Blut von allen anderen Empfängern (außer AB) abgestoßen, da es sowohl das A- als auch das B-Antigen enthält. Und Blut der Gruppe 0 enthält sowohl Anti-A als auch Anti-B- Antikörper und wird somit nicht nur von diesen beiden Blutgruppen, sondern auch von Empfängern mit Blutgruppe AB abgestoßen. Dafür ist der Besitzer dieser Blutgruppe jedoch ein universeller Spender. Und hier greift der revolutionäre Ansatz der „Blutgruppengerechten Ernährung" an: man fand nämlich heraus, dass einige Nahrungsmittel die Zellen bestimmter Blutgruppen verklumpen, während andere das nicht tun. Der Grund: Viele Antigene dieser Nahrungsmittel weisen Blutgruppe A oder B-ähnliche Eigenschaften auf. Die Blutgruppen-Zugehörigkeit und die Ernährung eines Menschen stehen also in unmittelbarem Zusammenhang. Oder einfach ausgedrückt: Es kann nicht jeder alles essen. Verantwortlich dafür sind in den Lebensmitteln enthaltene Stoffe, die Lectine, Eiweißverbindungen mit unterschiedlicher chemischer Zusammensetzung, welche agglutinierende Eigenschaften aufweisen, die sich auf das Blut auswirken. Isst man ein Nahrungsmittel, das Lectine enthält, die mit dem Antigen der eigenen Blutgruppe nicht verträglich sind, so kommt es zur Agglutinierung der Blutzellen einer Körperregion (Leber, Nieren Gehirn usw.) Milch hat B-ähnliche Eigenschaften, ist also für Personen der Blutgruppe A generell unverträglich und führt in deren Körper zu Verklumpungen des Blutes, da dieser um eine Abstoßung bemüht ist. Nun beginnen natürlich auch bei einem Milchtrinker mit Blutgruppe A im Magen Verdauungsprozesse (Säure-Hydrolyse). Gegen diese ist jedoch das Eiweiß-Lectin resistent. Vermutet wird eine direkte Wechselwirkung mit der Magen-Darm-Schleimhaut – die ich für sehr wahrscheinlich halte.

Andere Theorien fußen auf einer Resorption im Blutkreislauf, zusammen mit den anderen Nährstoffen der Milch. Dabei gilt: Verschiedene Lectine greifen auch verschiedene Organe und Körpersysteme an. (Reizkolon, Leberzirrhose und ein gestörter Blutdurchfluss durch die Nieren müssen in diesem Zusammenhang ebenfalls diskutiert werden) Übrigens ist die einzige Blutgruppe, die Milchprodukte recht gut verträgt, die Blutgruppe B. Möglicherweise bietet Ihnen dieser ernährungstheoretische Ansatz, die Erklärung, die Sie schon lange gesucht haben. Sollte er Sie nicht überzeugen, sollten Sie sich zumindest überlegen, ob Sie sogenannte chronische Krankheiten aufweisen, die sich trotz medikamentöser Behandlung als therapieresistent erweisen. In diesem Fall lohnt sich doch sicher eine Überprüfung bezüglich der Verträglichkeit zwischen Blutgruppe und den vorrangig genossenen Nahrungsmitteln. Gegebenenfalls erfordert das auch eine Änderung der Ernährungsgewohnheiten! Abschließend möchte ich Ihnen noch folgendes zu bedenken geben:

Erkrankungen des rheumatischen Formenkreises, zu denen auch die Osteoporose[56] sowie Arthritis und deren chronische Form, die Arthrose, gehören werden zunehmend als gestörtes Stoffwechselgeschehen begriffen.

---

[56] Eine Störung des Knochenstoffwechsels

Dieser „entgleiste" Stoffwechsel basiert auf einer chronischen Übersäuerung [57] des Körpers. Demzufolge beginnen naturheilkundlich orientierte Mediziner jede Rheumatherapie mit einer gründlichen Entgiftung des Körpers, ohne die jeder Therapieversuch wirkungslos bleibt. Wer sich schon einmal mit der recht beliebten Trennkost-Ernährung auseinander gesetzt hat, wird vielleicht noch die Tabellen mit Basen- und Säurebildnern vor seinem geistigen Auge haben. In diesen beiden großen Hauptgruppen werden sämtliche Nahrungsmittel zusammengefasst und mit denen der „neutralen" Gruppe gemischt. Keinesfalls werden jedoch Nahrungsmittel der beiden Hauptgruppen zusammen genossen.

Gemischt werden darf nur innerhalb der Gruppe oder mit einem Vertreter der neutralen Speisen. Zu den basisch reagierenden Nahrungsmitteln gehören fast alle Obst- und Gemüsesorten, sowie Getreide. Zu denen, die einen Säureüberschuss im Körper hervorrufen, neben Kaffee, Alkohol, Fleisch und Wurstwaren selbstverständlich auch Milch und Milchprodukte.

---

[57] Der Begriff der metabolischen Azidose bezeichnet eine Störung im Säure-Basen-Haushalt, die mit einem Abfall des arteriellen pH –Wertes unter 7,36 einhergeht. Der Aufrechterhaltung des Säure-Basen-Gleichgewichts dienen Puffersysteme wie der Bikarbonatpuffer des Blutes, aber auch der Phosphatpuffer in den Nierentubuli (Säureausscheidung).
Ziel der Puffersysteme ist immer die Neutralisation der über die Nahrung aufgenommenen (oder während des Stoffwechselprozesses entstehenden) Säure und Basen. Bei der typischen westlichen Lebensweise, die nicht nur durch säureüberschüssige Nahrung, sondern auch Stress, Hektik und Umweltgifte gekennzeichnet ist, kommt es schnell zu einer Überlastung der Puffersysteme – eine zunächst latente, aber permanente Übersäuerung ist die Folge. Das Stoffwechselgeschehen verschiebt sich in den sauren Bereich, die eigentlich ausscheidungspflichtigen Säuren werden im Bindegewebe abgelagert. Die vielgestaltigen Symptome können dabei von Nervosität, Abgeschlagenheit und Konzentrationsmangel bis hin zu Kopfschmerz und anhaltender Schlaflosigkeit reichen. Kommt es zu einer Chronifizierung, ist mit Gallen- und Nierensteinen, erhöhter Allergiebereitschaft, Durchblutungsstörungen und ihren Folgekrankheiten, sowie Stoffwechsel-Erkrankungen wie Gicht und Rheuma, zu rechnen.
Auslösender Faktor ist dabei häufig eine ungewohnte körperliche oder sportliche Belastung, eine Erkrankung (die immer eine zusätzliche Herausforderung für den Stoffwechsel darstellt), oder aber auch eine Umstellung auf Reduktionskost. Bei dieser wird einmal der Stoffwechsel angeregt, wodurch Säure aus den Depots des Bindegewebes freigesetzt wird (was zu den Schwindel- und Übelkeitsgefühlen während des Fastens führen kann) und zum anderen häufig zu wenig basenhaltige Nahrung zugeführt. Wechselduschen, Sauna und maßvolle körperliche Betätigung fördern die Ausscheidung von Säuren.

Zusammenfassung:

Milch ist für den Menschen ein artfremdes Eiweiß und die Grundlage zahlreicher Krankheiten und Beschwerdebilder, wovon Hautprobleme noch die harmlosesten darstellen. In Milch und daraus hergestellten Produkten enthaltene Disaccharide (Laktose genannt) müssen, um verwertet werden zu können, in Monosaccharide umgewandelt werden (Glukose und Galaktose). Dafür benötigt der Organismus Laktase, ein von der Dünndarmschleimhaut produziertes Enzym. Milchzucker-Intoleranzen entwickeln sich auf der Grundlage eines sehr weit verbreiteten Laktasemangels.

Um Kalzium aufzunehmen, bedarf es einer ausgewogenen Vollwerternährung, bei der der Rohkostanteil hoch sein sollte (Salate, Vollkorn, Nüsse und ganz besonders Soja sind ausgezeichnete Kalziumlieferanten).

Leiden Sie an Osteoporose, Allergien oder reagieren Sie auf das Trinken von Milch mit Erbrechen oder Durchfall, sollten Sie auf Milch künftig verzichten. Möchten Sie das nicht, dann sind Buttermilch, Kefir oder Joghurt in naturbelassener Form wesentlich verträglicher. Milch und Milchprodukte führen zu einer Übersäuerung des Körpers. Eine Azidose (Übersäuerung) kann kurzfristig durch anhaltend flache Atmung provoziert werden, dabei spricht man von einer respiratorischen Azidose. Hier ist jedoch die metabolische (stoffwechselabhängige) Form gemeint. Auch wenn man von Ärzten mitunter etwas anderes zu hören bekommt: Die im Körper vorhandenen Puffersysteme können chronische Azidose nicht oder nur kurzfristig kompensieren.

Ihre Blutgruppe kann die Verwertbarkeit der von Ihnen aufgenommenen Nahrungsmittel beeinflussen – auch hierbei lohnt sich eine Überprüfung - zumindest dann, wenn Sie eine oder gar mehrere der oben genannten Krankheiten aufweisen und in Behandlung sind, aber keine dauerhafte Besserung erzielen.

Anhang zum Thema Nahrungsmittelallergie

Als Allergie definiert man eine Überempfindlichkeitsreaktion des Körpers auf den Kontakt mit einem artfremden Eiweiß. Die Ursache findet sich in einer gesteigerten Abwehrreaktion des Körpers – er bildet vermehrt Antikörper. Die Neigung zur Allergiebildung ist weitgehend erblich und liegt, im Falle, dass beide Elternteile Allergiker sind, bei 45 – 60% Erkrankungsrisiko. Damit hätten wir zunächst einmal das Problem der „genetischen Disposition": Also, einer Art von Vorherbestimmung. Dabei bitte ich Sie aber zu beachten, dass es sich nicht um ein unabänderliches Schicksal handelt, weil vieles von den Lebensumständen des Betroffenen abhängt und durch diese positiv beeinflussbar ist.

Eine der häufigsten Antworten, die ich in meinen Seminargruppen zum Thema „gesunde Ernährung" zu hören bekam, lautete: „...Ja aber, in meiner Familie sind eigentlich alle dick..." - wobei ganz offensichtlich außer acht gelassen wurde, dass falsche Ernährungsweisen auch innerhalb der Familie weitergegeben werden und sich so über Generationen hinweg aufrecht erhalten lassen.

Mein Gegenbeispiel lautete immer: „Stellen Sie sich bitte einmal vor, Sie kommen mit der Veranlagung zur Gicht-Erkrankung auf die Welt. Geraten Sie, wie der Zufall so will, dabei in eine Metzgerfamilie, die dann auch noch ihr bester Kunde ist, so ist die Wahrscheinlichkeit, dass Sie an Gicht erkranken, natürlich extrem hoch. Sollten Ihnen jedoch Ihr Schicksal gewogen sein und Sie werden in eine Familie, die sich vorwiegend vegetarisch ernährt, hineingeboren, so können Sie ihr Leben lang von der Gicht verschont bleiben."

In den letzten Jahren konnte man einen extremen Anstieg an Umweltverschmutzung, der mit einer ständigen Zunahme allergischer Erkrankungen einherging, beobachten. Zwischen beidem einen Zusammenhang herzustellen, lag auf der Hand und ist sicher auch teilweise richtig. So reagieren Haut und Schleimhäute auf den erhöhten Schadstoffgehalt in der Luft mit Reizung und entzündlicher Reaktion, die ihrerseits zu einer Auflockerung des Zellgefüges beiträgt, wodurch der Eintritt von Allergenen (wie Pollen) erleichtert wird.

Nun gab es aber schon frühzeitig Ärzte, die eine Vielzahl von Nahrungsmittelallergien vermuteten, da ganz ähnliche Prozesse im Bereich der Darmschleimhaut durch die ständige Zunahme von chemischen Lebensmittelzusätzen, die für Geschmack, Farbe und Konservierung sorgen sollen, stattfinden. In einem Fernsehinterview berichtete einmal eine westdeutsche, mit Allergien im Kindesalter befasst Ärztin, wie sie nach 1989 mit Begeisterung nach Bitterfeld [58] reiste, um dort die Kinder auf ihre Allergiebereitschaft hin zu testen. Das Ergebnis entsprach nicht ihren Erwartungen, die Kinder wiesen sehr wenig allergische Reaktionen auf. Die Erklärung ist einfach: Das, was man direkt über den Nahrungsweg in den Körper gelangen lässt, schädigt noch unmittelbarer. Die Nahrung in der DDR war einfach, aber vielfach gesünder.

---

[58] Ein Ort in der ehemaligen DDR, der für seine hohe, industriell bedingte Umweltverschmutzung berüchtigt war.

Sehr viele Menschen geben an, nach dem Verzehr von Milchprodukten Müdigkeit und Völle zu verspüren. Diese Unverträglichkeiten basieren auf der Anwesenheit von Milcheiweiß und Milchzucker. Bereits in den dreißiger Jahren des vorigen Jahrhunderts wies der Wiener Arzt Bernhard Aschner darauf hin, dass ein schwacher Verdauungstrakt auf Milch oder Milchprodukte mit Magen- und Säurebeschwerden, Völlegefühl, Blähungen, Obstipation, Schläfrigkeit und Abgeschlagenheit reagiert. Dazu Aschner: „In pharmakologischer Hinsicht ist Milch eine Emulsion von Fett und gehört daher zu den Emollentia, d.h. erweichenden und erschlaffenden resorptionsverzögernden Mitteln."

Eine Nahrungsmittel-Allergie entwickelt sich folgendermaßen: Lebensmittel bestehen vorwiegend aus Kohlenhydraten, Eiweißen und Fetten. Bereits im Mund setzt der Verdauungsprozess ein. Im Speichel enthaltene Enzyme spalten die Kohlenhydrate, während die Aufbereitung der Eiweiße erst im Magen, mittels Salzsäure, beginnt. Eine neuerliche Aufspaltung dieser drei Grundbausteine aller Nahrungsmittel erfolgt dann im Dünndarm und zwar in derartig kleine Moleküle, dass sie durch die Dünndarmwand in die Blutbahn eintreten können. Auch die Eiweiße sind mittlerweile „bis zur Unkenntlichkeit" zerkleinert und können nicht mehr als „fremdes Eiweiß" erkannt werden. Das körpereigene Abwehrsystem wird nicht aktiviert.

Wissenschaftler entdeckten jedoch, dass es auch einigen großen Eiweißmolekülen gelingt bis in den Dünndarm zu gelangen und von dort auch ins Blut. Auch jetzt ist der Körper noch in der Lage, Abwehrmaßnahmen zu ergreifen und das tut er, indem er eine Barriere errichtet, die aus - in der Darmwand gebildeten - (IgA) Antikörpern besteht. Im Schleim, der die Darmwand auskleidet, verbinden sie sich mit den allergenen Eiweißen und verhindern so ihren Transport durch den Körper. Ist die Fähigkeit zur Errichtung einer solchen Barriere allerdings gestört, gelangen verstärkt Eiweiße in den Blutkreislauf. Es werden jetzt andere (IgE) Antikörper gebildet. Die allergische Reaktion ist in Gang gesetzt.

Hier beweist sich auch wieder einmal der positive Effekt des Stillens. Gerade bei Säuglingen sind die Abwehrkräfte noch nicht voll ausgeprägt, gleichzeitig sind die Darmwände aber sehr durchlässig für die größeren Moleküle – in Apotheken käufliche „adaptierte" Milch ist auf der Basis von Kuhmilch und nicht, wie man meinen sollte, der von Muttermilch hergestellt – so wird schon frühzeitig der Grundstein für eine Nahrungsmittelallergie gelegt. Im Fach Pädiatrie wurden wir zum Thema Säuglingsernährung auch darauf aufmerksam gemacht, dass die Vorteile des Stillens innerhalb des ersten halben Lebensjahres gar nicht hoch genug einzuschätzen wären, danach aber positive und negative Wirkungen sich ausgleichen könnten, da die Muttermilch durch Umweltfaktoren stark belastet ist.

Hier wäre ein Ausweichen auf den weiter oben aufgeführten Getreidebrei nach Dr. Bruker, der nach dem Abseihen wie Milch gegeben werden kann, durchaus ratsam.[59] Viele Kinderärzte plädieren auch dafür, den kindlichen Stoffwechsel nicht vor dem dritten Lebensjahr mit Hühnereiweiß zu belasten, da es sich bei Hühnereiweiß ebenfalls um einen hoch allergenen Stoff handelt. Häufig treten beide Allergien (gegen Milch und Hühnerei) auch in Kombination auf. Das wiederum bedeutet: Augen auf im Supermarkt! Besonders abgepackte Fertigprodukte sind nicht immer klar verständlich deklariert. Milch- oder Hühnereiweiß verbergen sich hinter Bezeichnungen, wie: Vollmilch-, Magermilch-, Sahne- oder Joghurtpulver, Molke oder Molkeprotein, Butter, Margarine, Kasein(ate), Trockenei, Flüssigei, Gefrierei. Auch hinter den Bezeichnungen „Backmittel" und „Stabilisatoren" können sich Milch oder Milcherzeugnisse verbergen.

Deklarierte Zutaten können ihrerseits auch zusammengesetzt sein. Vorsicht ist angebracht bei Bezeichnungen wie Fleischbrät, Paniermehl, Margarine, Speisefett – in denen sich oft Milcheiweiße verbergen. In Butter und Sahne gibt es viel Fett, aber weniger Eiweiß, weshalb die Toleranz häufig besser ist. Achtsam sein sollten Sie dafür bei Medikamenten, da diese sehr häufig auf der Basis von Lactose (Milchzucker) hergestellt werden. Das trifft auch auf die aus der Homöopathie bekannten Globuli zu. Fragen Sie bitte nach, ob es auf Rübenzuckerbasis hergestellte Alternativen gibt.

Wer jetzt „Geschmack" an der Blutgruppenernährung gefunden hat, oder sie zumindest einmal ausprobieren möchte, kann jetzt noch kurz Einblick in für seine Blutgruppe verträgliche, oder auch risikobehaftete Nahrungsmittel nehmen. Dieser sehr kurze Überblick soll nur einen Anreiz darstellen, sich ausführlicher mit der Thematik auseinander zu setzen und erhebt keinen Anspruch auf Vollständigkeit.

Einen Literaturhinweis finden Sie im Quellenteil.

---

[59] Die aus Getreide hergestellte „Ersatzmilch"-Variante für Säuglinge und Kleinkinder nach dem Rezept von Dr. Bruker ist natürlich der Verwendung von Sojaprodukten vorzuziehen, da es sich auch bei Soja (im Idealfall) um ein nicht normiertes Naturprodukt handelt. Der Anteil an Phytohormonen ist also unterschiedlich hoch – aber immer vorhanden. Aus diesem Grunde wird Soja für beschwerdefreie Wechseljahre empfohlen, da eine Substituierung mit pflanzlichen Hormonen der mit synthetischen vorzuziehen ist. Da unsere Kinder aber bereits mehr Hormone als verträglich, mit Fleisch und Fleischprodukten zu sich nehmen, ist Soja hier nur eingeschränkt empfehlenswert.

Anhang zur Blutgruppenernährung

Entwicklungsgeschichtlich erfolgte die Ausbildung der Blutgruppen von der Blutgruppe 0 hin zu Blutgruppe AB.

Was praktisch bedeutet, dass es vor ca. 40 000 Jahren nur eine universelle Blutgruppe (0) gab.

Es folgten erst A (die Pharaonenblutgruppe), dann B und vor gerade 1000 Jahren AB. Hierzulande überwiegt die Blutgruppe A (43,5%), gefolgt von 0 mit immerhin noch 39,1% - die jüngste Blutgruppe AB bringt es noch nicht einmal auf 5% der Bevölkerung. Bei homogenen Gemeinschaften ohne größere Beeinflussung von außen ist die Blutgruppe 0 immer noch am stärksten vertreten (so in China, wo die B-Blutgruppe an zweiter Stelle liegt. Bei der australischen Urbevölkerung existieren praktisch nur 0 und A, Blutgruppe B nimmt mit 2 % eine Außenseiterstellung ein und AB ist völlig unbekannt. Bei den Indianerstämmen Südamerikas findet sich fast ausschließlich die Blutgruppe 0.

Die Blutgruppe B hat sich vom Himalaya-Raum aus über die Welt verteilt und gilt als ernährungstechnisch unproblematisch und befähigt, auch mit einem äußerst geringen Nahrungsangebot auszukommen. Träger der Blutgruppe 0, als Abkömmlinge der frühen Sammler und Jäger, weisen auch heute noch ein robustes Verdauungssystem mit einer überdurchschnittlichen Magensäure-Produktion auf, was sie - eher als andere Blutgruppen - zum Fleischverzehr befähigt. Aber auch Fisch und Algen werden hier sehr gut vertragen und erweisen sich bei dieser Blutgruppe als ausgesprochen segensreich, da deren natürlicher Jodgehalt, die, bei Trägern dieser Blutgruppe häufiger auftretenden Schilddrüsenprobleme, ausgleichen kann. Viel grünes Blattgemüse und rotes, blaues oder violettes Obst (Basenbildner) sind hier ebenfalls angezeigt. Auf Milch sollte wie auf Milchprodukte, Eier und Getreideerzeugnisse weitestgehend verzichtet werden.

Die Blutgruppe A, deren asiatische Vorfahren schon mit Ackerbau und Viehzucht befasst waren, verfügt über einen eher schwachen Stoffwechsel und sollte sich vorwiegend von Obst und Gemüse in rohem Zustand ernähren. Geflügel, Fisch, Milchprodukte, Eier und Getreide – alles nur in sehr geringen Maßen. Bei den Vorfahren der heutigen Vertreter der Blutgruppe B, bestimmten die Tierherden, mit denen sie durch die eurasischen Steppen zogen, das Nahrungsangebot: Fleisch, Obst, Gemüse, Milch und Eier werden gleichermaßen gut vertragen Robustheit und Anpassungsfähigkeit sind der Blutgruppe B auch heute eigen. Auch der Säure-Basen-Haushalt gerät nicht so schnell aus dem Gleichgewicht.

Bei Vertretern der AB-Blutgruppe, ist der Verdauungstrakt wieder etwas empfindlicher, es wird weniger Magensaft gebildet und eine leichte Verschiebung in Richtung „alkalisch" – also, basenreiche Nahrung, ist hier angezeigt. Fleisch und Fisch in kleinen Mengen kann durchaus genossen werden, ebenso verhält es sich mit Getreideprodukten. Obst und Gemüse können in großen Mengen aufgenommen werden. Wobei jedoch keine Blut-Gruppe absolut jedes Obst und jedes Gemüse gleichermaßen gut verträgt. Von den Milchprodukten sind es die Sauermilcherzeugnisse, die am besten von der AB-Blutgruppe verwertet werden. Die alternativen Sojaprodukte werden von allen Blutgruppen gut vertragen und finden sich auch in der Liste der empfehlenswerten Nahrungsmittel bei so ziemlich jedem Krankheitsbild, das sich mit einer Ernährungsumstellung beeinflussen lässt.

Anhang zur Trennkost

Über die Trennkost gibt es auch heute noch viele Unklarheiten. So fand ich vor gar nicht allzu langer Zeit einen Hinweis von schulmedizinischer Seite, der folgende Bewertung abgab: „... Wie jede Diät, ist die Trennkost nicht empfehlenswert, da sie zu Mangelerkrankungen führt...". Das ist natürlich doppelt unsinnig, da es sich bei der Trennkost um eine Ernährungsform und eben k e i n e Diät handelt und es zudem keine Einschränkungen bezüglich der Nahrungsmittel, die man zu sich nehmen darf, gibt. Was grundsätzlich anders ist, ist die Form der Kombination bestimmter Nahrungsmittelgruppen.

Es gibt hier Ernährungsregeln, die durchaus nicht unvernünftig sind, wie: - Nie über das Sättigungsgefühl hinaus essen und das auch nicht aus „erzieherischen Gründen", von Kindern verlangen.

- Keine „Zwischenmahlzeiten", für Kinder lediglich Obst bereitstellen.
- Kräutertees und Wasser können uneingeschränkt genossen werden.
- Von Zeit zu Zeit einen Fast- oder Frischkost-Tag einschalten, auch ein Safttag ist sinnvoll.
- Täglich Frischkost (besonders Obst und Gemüse) aufnehmen.
- Wenig tierisches Eiweiß aufnehmen (Tofu/Soja-Produkten wird auch hier der Vorzug gegeben).
- Alternativ dazu eine vitalstoffreiche Vollwertkost aus naturbelassenen d.h. nicht raffinierten Nahrungsmitteln.

Entscheidend ist die richtige Zusammensetzung.

Die traditionelle Trennkost-Regel, die mittags die Aufnahme von eiweißhaltiger Nahrung und abends eine vorwiegend aus Kohlenhydraten bestehende vorschreibt, wird bei den jüngeren Generationen der Trennköstler weitgehend aufgehoben. Generell werden jedoch weder tierisches und pflanzliches Eiweiß (Tofu) kombiniert, noch „Eiweißbomben". Also nicht Eier und Käse, Fleisch und Käse, Tofu und Käse oder Fisch und Eier zusammen in einer Mahlzeit angeboten. Besonders interessant ist in diesem Fall auch die Entstehungsgeschichte der Therapie. Der geistige Vater der Trennkost, der amerikanische Arzt Dr. Howard Hay, galt als „austherapierter" Moribunder. Da er nichts zu verlieren, aber einiges zu gewinnen hatte, nutzte er seine Kenntnisse über die Grundlagen der Verstoffwechselung. Er definierte seine Erkrankung als Folge einer Übersäuerung, die ihrerseits auf der Grundlage einer falschen Nahrungszusammenstellung entstanden sei. In der Folge führte er eine Trennung von Säure- und Basenbildnern durch und behielt diese Ernährungsform auch dann noch bei, als er schon lange genesen war. Er therapierte (sehr erfolgreich) seine Patienten in diesem Sinne und starb erst 74jährig und das bei guter Gesundheit – an den Folgen eines Verkehrsunfalls.

Jede gemeinsame Einnahme von Eiweißen und Kohlenhydraten führte nach Dr. Hays Meinung zur Übersäuerung.

Das Ur-Prinzip der Trennkost lautet schlicht: Nahrungsmittel, die der Eiweiß-Gruppe zugeordnet werden (Fleisch, Fisch, Magerkäse und säuerliche Obstsorten) dürfen nie mit kohlenhydratreicher Nahrung (Brot, Reis, Mehl oder Kartoffeln) zusammen genossen werden. Stattdessen kombiniert man sie mit „neutraler" Nahrung wie Salat, Blumenkohl oder Butter. Von offizieller Seite heißt es, für Trennkost gibt es keine wissenschaftliche Begründung. Ihr wird zudem angelastet, dass die Zuordnung zu den drei Nahrungsgruppen teilweise nicht korrekt ist (so wird fettarme Milch der Eiweißgruppe zugerechnet, obwohl auch sie mehr Kohlenhydrate als Proteine enthält). Das Versprechen der Trennkostverfechter: Bei Einhaltung der Trennrichtlinien verliert man bis zu 5 Kilogramm in 10 Tagen, wird trotzdem eingehalten - und zwar nachweisbar. Die mögliche „wissenschaftliche" Erklärung hierfür ist, dass sich unterschiedliche Enzyme, die für die Verwertung der Nahrung zuständig sind, gegenseitig bei der Arbeit behindern, wenn „durcheinander" gegessen wird. Hat man den Tag mit vorwiegend eiweißhaltiger Nahrung begonnen, sollte man ihn so weiterführen, da die entsprechenden Enzyme bereits aktiviert wurden. In meiner praktischen Arbeit habe ich ebenfalls positive Erfahrung mit der Trennkost sammeln können. So nahm beispielsweise eine Teilnehmerin eines Ernährungskurses ab, obwohl sie jahrelang bei einer recht bewussten Ernährung vergeblich gegen ihre Pfunde gekämpft hatte. Erschwerend kam in ihrem Fall hinzu, dass sie an Diabetes litt, recht gut eingestellt war und sich auf größere Ernährungsexperimente schon aus diesem Grunde nicht einlassen konnte und wollte. Sie verzeichnete große Erfolge mit der sehr am Fruchtverzehr orientierten Variante, die von der Schauspielerin Uschi Glas propagiert wird. Die entsprechende Buchempfehlung finden Sie im Anhang.[60] Egal, für welche dieser – nur unwesentlich voneinander abweichenden - Formen Sie sich entscheiden werden, ein sicht- und vor allem spürbarer Erfolg ist Ihnen gewiss! Mir bleibt nur, Ihnen viel Glück zu wünschen und besondere Achtsamkeit im Umgang mit den sieben Ernährungsirrtümern, deren Vermeidung uns zu gesünderen Menschen machen könnte.

---

[60] Die Hollywood Star Diät

Weiterführende Literatur:

Dr. S. Flade, Allergien – natürlich behandeln (Gräfe und Unzer, München, 1988)

D.Wirths/Prof. Dr. med. R. Liersch, Ohne Eier und Milch – bietet viele Rezepte, die von der Mutter eines allergiekranken Kindes erprobt wurden (Gräfe und Unzer, München, 1994)

Dr. M.O. Bruker, Osteoporose – Dichtung und Wahrheit (emu Verlag, 1994)

P.J. D'Adamo, Vier Blutgruppen – Vier Strategien für ein gesundes Leben (dt. Ausg. bei Piper, München, 1997)

Eine sehr gekürzte, dafür aber leicht verständliche Zusammenfassung der Erkenntnisse D'Adamos findet sich in: Denkanstöße 2000 – Ein Lesebuch aus Philosophie, Kultur und Wissenschaft, erschienen 1999 im Piper Verlag, München

Axel Meyer, Das Lexikon der Vollwerternährung (Goldmann Verlag, 1991)

Dr. med. Lutz Koch, Stutenmilch – ein altbewährtes Nahrungsmittel bei Haut- und Darm- Erkrankungen (Haug, Heidelberg, 1994)

O: Prokop/W. Göhler, Die menschlichen Blutgruppen (Gustav Fischer Verlag, Stuttgart -N.Y.,1986)

Walter Binder, Naturheilkundliches Ernährungsbrevier (Verlag für Naturmedizin und Bioenergetik, 1987)

Miriam Hirano-Curtet, Die neue Trennkost-Fibel (Midena Verlag, Aarau, Vertrieb in Deutschland über Weltbild Verlag, 1994)

AC Verlagsgesellschaft mbH, Die Hollywood Star Diät (Ottobrunn, 1996)

Bezug von milch- und eifreien Produkten:

Neuform Vereinigung dt. Reformhäuser e.G.

PSF 41 110, 61440 Oberursel, Tel. 06172/ 3000333 (Es besteht die Möglichkeit, ein Verzeichnis aller ei- und milchfreien Produkte von Neuform anzufordern.)

Fauser Vitaquell

Pinneberger Chaussee 60, 22523 Hamburg, Tel. 040/57202262 (-63)

Versenden eine Broschüre zum Thema Vollwert- Ernährung bei Milch- u. Ei- Allergie sowie Laktose-Intoleranz.

Generelle Informationen zur Laktose-Intoleranz (auch Kochbücher) über:

OBM Omira BodenseeMilch GmbH, Jahnstraße 10, D-88214 Ravensburg, Telefon: +49 752887-0, Fax:+49 751887-179, E-Mail: info(at)minusl.de, www.minusl.de

Produkte aus Stutenmilch:

Bundesverband Deutscher Stutenmilcherzeuger e.V.
BVDS • Dr. habil. Rainer Schubert
Beethovenstraße 1A • D-07743 Jena

Telefon: 03641 446580
Fax: 03641 664479
mobil 0174 7909716
E-Mail:mail(at)bvds.info

Die Firma DeLong bietet leicht zu bedienende Geräte an, die aus Sojabohnen und Wasser, unter wiederholtem Zerkleinern und Erhitzen, Sojamilch produzieren.

DeLong: Genuss und Leben, D-83355 Grabenstätt, www.delong.de

DELITE Vertriebsgesellschaft mbH
Kundenservice
Grillparzer Str. 1
-83059 Kolbermoor

Beratungshotline: +49(0)180-123 45 67

Ich danke allen, die mich auf meiner Suche nach der „Wahrheit" begleitet haben und mit ihren kreativen Fragen zur Entstehung dieses Buches beitrugen.

Berlin, den 11.1.2006 Birgit Riese

Nachwort

Entgegen einer weit verbreiteten Annahme, ist Medizin k e i n e exakte Wissenschaft. Während es sich bei der Anatomie noch um einen „handfesten" Studienzweig - im Sinne von:

Den wissenschaftlichen Ansprüchen von Überprüfbarkeit und Wiederholbarkeit genügend, handelt – ist schon die Physiologie ein recht unsicheres Terrain. Unser Wissen ist, was unseren Körper und seine Funktionen anbelangt, auch heute noch häufig rein spekulativ. Besonders die Auswirkungen, die sehr fein dosierte Stoffe auf den Organismus haben, werden dabei oft unterschätzt. Ebenso wie die Folgen, die langfristige Zufuhr von (individuell) unbekömmlichen Nahrungsmitteln haben können. Selbstverständlich kann auch ich nicht den Anspruch auf absolutes Wissen erheben. Der Erwerb von Wissen ist ein lebendiger Prozess, bei dem wir die ständige Bereitschaft zur Aufgabe überholter Denkweisen ebenso, wie die Fähigkeit, die richtigen Fragen zu stellen, nie verlieren dürfen. Eine der wichtigsten Fragen, die wir uns immer dann stellen sollten, wenn wir wieder einmal mit einem für den Menschen angeblich unverzichtbaren Nahrungsmittel konfrontiert werden, lautet: Wem nutzt es? Wer verdient an der Markteinführung? Wer steuert die entsprechende Werbung? Häufig sind es die Gleichen, die auch an der „Behandlung" von Krankheiten verdienen, die ohne die zuvor so angepriesenen Produkte erst gar nicht entstanden wären...

Das vorliegende Buch behandelt einen Teil dieser Problematik, wobei ich keinen Anspruch auf Vollständigkeit erhebe, noch glaube, dass es sich dabei „um der Weisheit letzten Schluss" handelt. Jedoch habe ich mich bemüht, meinen aktuellen Wissensstand mit Ihnen zu teilen. Der Rest liegt bei Ihnen. Dass es dabei keine für jeden Menschen gleichermaßen verbindliche Regel gibt, mag Sie erfreuen – oder auch nicht. Die individuellen körperlichen Bedürfnisse sind unterschiedlich und sollen deshalb auch berücksichtigt werden. Der Inhalt dieses Buches soll und kann nicht eins zu eins in die Praxis umgesetzt werden. Wenn Sie es jedoch ab und an als Nachschlagewerk nutzen, hat es seine Funktion erfüllt.

Für Anregungen und Hinweise bin ich weiterhin dankbar.